移动社会网络服务关键技术

张龙昌　沈德海　王晓明　任敏贤　著

东北大学出版社

· 沈阳 ·

图书在版编目（CIP）数据

移动社会网络服务关键技术/张龙昌等著．—沈阳：东北大学出版社，2014.7（2025.4重印）

ISBN 978-7-5517-0638-4

Ⅰ．①移 Ⅱ．①张… Ⅲ．①移动网—网络服务—研究 Ⅳ．①TN929.5

中国版本图书馆CIP数据核字（2014）第142112号

内容简介

本书以当前热点研究领域——社会网络——为背景，以移动互联网环境下对社会关系网络的建立方法的探索为问题需求，参阅了许多经典学术文献和最新文献，在对相关国内外研究工作论述分析的基础上，介绍和分析了近几年相关研究领域的最新成果及作者的工作，内容新颖，可帮助移动社会网络服务研究和应用开发人员较快地了解相关领域知识。本书内容编排科学合理，结构清晰，语言通俗易懂，易于理解和阅读。

本书可作为理工科院校研究生或相关研究者的参考书，也可以作为企业研发人员了解移动社会网络服务关键技术的参考资料。

出 版 者：东北大学出版社
地址：沈阳市和平区文化路3号巷11号
邮编：110004
电话：024—83687331（市场部） 83680267（社务室）
传真：024—83680180（市场部） 83680265（社务室）
E-mail：neuph@neupress.com http://www.neupress.com
印 刷 者：三河市天润建兴印务有限公司
发 行 者：东北大学出版社
幅面尺寸：170mm×240mm
印　　张：11.25
字　　数：221千字
出版时间：2014年7月第1版
印刷时间：2025年4月第3次印刷
责任编辑：王兆元 许淑娟　　责任校对：潘 戈
封面设计：刘江旸　　责任出版：唐敏志

ISBN 978-7-5517-0638-4　　定 价：33.00元

◎前　言

伴随着移动终端多样化、智能化的步伐，人们更多地通过移动终端进行随时随地的工作、学习和娱乐。社交网站SNS作为一种对人际关系的有机映射，必然也出现了相应的手机应用版本。然而，手机版SNS不能够全面地诠释移动SNS，为此，本书首先以当前热点研究领域——社会网络——为背景，以移动互联网环境下对社会关系网络的建立方法的探索为问题需求，参阅了大量经典学术文献和最新文献，在对国内外相关研究工作论述分析的基础上，参考、介绍和分析了近几年相关研究领域的最新研究成果及作者研究的工作，详细介绍了移动SNS平台需求及系统总体架构、移动SNS服务端技术、移动SNS客户端技术、UGC数据分析、用户行为数据分析、统一登录等技术，并综合以上技术和国内外的研究现状，对移动社会网络服务的关键技术进行了总结与展望。

本书立足网络服务关键技术前沿，针对移动社会网络服务关键技术这一热点研究领域，结合多位作者近年的研究成果，理论和实践相结合，深入浅出，通俗易懂，内容实用而且全面，对于有志于从事移动社会网络服务的人士不失为一本很好的学习材料，对于行家来说也是一本难得的技术参考手册，同时可以作为理工科院校研究生或相关研究者的参考书。

本书由张龙昌，沈德海，王晓明，任敏贤等编写。在编写过程中，杨玉强教授，任骏原教授，任永昌教授，伞晓丽副教授，李金山老师，赵震老师给予了大量的帮助，在此表示衷心的感谢！

作　者

2014 年 4 月

◎目 录

1 移动 SNS 平台综述

1.1 移动 SNS 概述

基于 Stanley Milgram 教授的六度分隔理论发展起来的 SNS 虽然进入中国的时间相对较晚，但是发展迅猛。在 2008 年，伴随着人人网、开心网等一系列有代表性的 SNS 的迅速升温和稳步发展，人们看到了 SNS 中的诸多机遇和发展前景。目前，SNS 并没有统一的定义。在互联网领域，SNS 有三层含义：社交服务(Social Network Service)、社交软件(Social Network Software)和社交网站(Social Network Site)。对于普通大众，主要通过登录社交网站享受其提供的社交服务，本书讨论的内容也是基于社交网站展开的。

伴随着移动终端多样化、智能化的步伐，人们更多地通过移动终端随时随地工作、学习和娱乐。网站版 SNS 作为一种对人际关系的有机映射，必然地出现了相应的手机应用版本。诚然，手机版 SNS 能够很好地体现移动终端跟随性好的特点，然而手机版 SNS 能够全面地诠释移动 SNS 吗？在回答这一问题之前，让我们来看一看移动 SNS 应该具有哪些特点。

① 以移动终端为接入媒介：移动 SNS 主要是以手机移动终端作为用户接入和使用 SNS 服务的手段，从而充分发挥移动终端的可携带性。这就要求移动 SNS 在网页设计、用户交互方式和信息传递方式等方面，要突出移动终端的特点，绝不是仅仅基于 WAP 把 SNS 搬到手机上。

② 以移动用户群体为依托：如果移动 SNS 仅局限于手机版 SNS，那么用户群体就会局限在 PC 版 SNS 用户中。而我们希望移动 SNS 能够支持纯移动通信用户单纯通过移动通信终端接入和加入到 SNS 中来，并以此扩展用户群体。

③ 以真实的社会关系为基础：用户主要通过手机接入移动 SNS，从而在技术上能将 SNS 用户与其真实身份联系起来，从而更容易地反映和建立真实的社会关系。运营方也可以针对用户的真实信息进行用户授权和安全的数据挖掘，并基于挖掘结果，开展有针对性的应用开发和推广。

因此，可以说，目前普通互联网 SNS 提供的“SNS 手机版”，仅具备了移动

SNS 的“以移动终端为接入媒介”的特点。开展移动 SNS 服务，必须将以社会关系的建立和呈现为核心的 SNS 与以通信为核心的手机终端结合在一起，并进一步地把隐藏在手机终端之后的庞大的通信网络及其提供的各种能力结合在一起。

综上所述，我们将移动 SNS 定义为：移动 SNS 是 SNS 更深层次的应用，主要以移动终端为媒介，以更为真实的社会关系为基础，以发展更多纯移动终端用户加入 SNS 为目的，将 SNS 与移动通信技术有机结合，为人与人、人与机、机与机间的沟通和互通提供更为灵活、更为有力的支持，从而为用户的网上或网下的生活和工作，以及用户更好、更方便地使用其他网络服务或应用提供有效的帮助。

1.2 国内外移动 SNS 平台的发展现状

1.2.1 国内外移动 SNS 现状

全球开展移动 SNS 比较早并且也最成熟的当属日本。目前，日本的手机 SNS 网站呈三足鼎立之势，分别为 DeNA，Gree 和 Mixi。它们的核心业务模式以社区为核心，通过社交、游戏、内容、拍卖等功能抓住用户后，再向用户收取增值费，主要包括虚拟货币、虚拟道具物品和游戏花费。这种模式在日本很容易实现大规模的盈利，DeNA2011 年的总收入便达到 370 亿日元。

资本市场也对这种模式表示了认可：目前 DeNA 的市值是 15 亿美元，Gree 是 10 亿美元，Mixi 是 6 亿美元。在收入增长上，Gree 的增长率达到了 300%。

日本手机 SNS 的繁荣归功于其独特的环境。据 Isao Moriyasu 介绍，目前在总人口约 1.2 亿的日本，手机用户数已经超过 1 亿，其中使用 3G 业务的手机用户达 9000 万，渗透率超过 90%，并且在 2004 年左右流量资费大幅度下降。正是在这个大环境下，DeNA 才得以将自己的会员发展到近 1300 万，一天的页面浏览量接近 6 亿，公司 80% 的收入来自手机 SNS。

现在中国也处于日本 2004 年的情形，随着电信重组和 3G 的到来，包括手机 SNS 在内的移动互联网业务具备规模化经营的基础，中国移动互联网将迎来一个倍速增长的发展时期。CNNIC 的数据显示，中国的手机用户已经接近 6 亿，截至 2008 年 6 月底，在中国的 2.53 亿网民中，以手机为终端的无线接入网民数已达到 7305 万人，占到了近三成。

手机 SNS 作为移动互联网应用服务的新兴市场，近两年在国内也得到了快速增长。易观国际年度报告显示，2007 年中国手机交友市场活跃用户规模近

2000万，比2006年增长30%；2009年中国手机交友市场活跃用户数达到3500万。

手机SNS通过聚集人气，提升用户黏度来帮助网站提升价值；手机随时随地随身的便捷体验特性也促使技术门槛越来越低的移动互联网得到快速普及；手机的唯一性和个性化正帮助手机SNS体现出更大的应用价值。

2009年初，中华人民共和国工业和信息化部向三大运营商颁发3G牌照。随着3G牌照的发放，移动互联网成为关注热点。移动SNS作为移动互联网应用服务的新兴市场，近两年得到了快速增长。在运营商看来，天然的优势加上巨大的诱惑是他们进军SNS的理由，通过推出移动SNS站点为用户提供新的增值服务，增加对用户的黏度。运营商将不再是一个连接PC平台与手机平台的“通道”，而将成为整个产业链的核心。

中国移动在发布SNS网站139. com的同时，还发布了手机版客户端，社区里除了可以直接对139邮箱进行操作外，还融合了时下流行的SNS社区的一切元素(博客、空间、娱乐等)。移动旨在通过139社区对网内用户进行进一步的融合及维系，同时通过社区内提供的各种增值服务，进一步增加对移动手机用户的黏度，并有可能以此不断吸引新用户的加入。

中国联通也推出了一款SNS网站，即www. u-powerbook. com，中国联通的SNS也整合了邮箱、手机即时通信工具、实名社区和积分商城等业务，而且其使用界面与Facebook十分相似。

中国电信最近再次加大了对互联网应用领域的渗透，推出虚拟3D社区，创新互联网社区门户模式，以面对竞争日益激烈的互联网市场。

进军SNS是电信运营商近年来，尤其是3G业务开展之后的又一重要举措。当前，电信运营商急需发展增值业务，以改善语音业务增长疲弱的现状，也希望在3G运营上找到“杀手级”的应用，SNS良好的用户黏性正是运营商稳固用户并进行增值业务扩展的极佳选择。

1.2.2 国内外移动SNS网站

(1) 天下网

2007年7月天下网转型手机交友，期间进行网站改版，推出同城交友、无限量相册、手机空间等产品举措，一年时间注册用户数增长到三千多万，目前是国内最大手机交友网站，并在2008年12月入选中国无线互联网十强。

(2) 移动139社区

移动139社区已经对公众开放注册，不仅限于广东地区，除具有传统SNS的功能和应用外，还具有典型的移动特点：

① 只有移动用户可注册，注册后可以绑定邮箱；

② 可以通过短信随机密码登录，密码使用手机取回；

③ 网站一开始就有WAP版；

④ 每次登录手机都有短信提醒，很安全；

⑤ 网站配套一款叫做139百合的软件，这款PC软件可以直接和好友手机进行语音短信沟通，对方显示号码就是直接的手机号。

(3) 日本Gree网站

日本第二大SNS网站Gree在东京证券交易所创业板市场上市，上市首日开盘价超过发行价52%，募集资金133亿日元(约合1.5亿美元)，市值超过1000亿日元，居该创业板市场首位。

Gree之所以能获得巨大成功，很重要的原因是依靠了庞大的手机用户。截至2008年10月底，Gree的注册用户达716万，统计结果表明，Gree有98%的页面浏览量来自移动设备，是一家几乎完全基于移动互联网的社交网站。由此可见包括手机SNS在内的移动互联网所具有的巨大的市场价值。

(4) 日本Mixi网站

成立于2004年的Mixi是日本第三大社交网站，已经成为日本的一种时尚文化，每五个日本网民中就有一个是Mixi用户。2007年通过手机登录Mixi网站的用户量首次超过基于PC登录的用户量，而这些手机用户的年龄比Mixi主流用户的年龄更低。58%手机用户年龄低于25岁，而PC用户相应比率为43%。为迎合这部分年龄段更低的手机用户，Mixi与YouTube合作推出了视频功能，并向日本第三大手机运营商软银移动提供相应的内容。

(5) Facebook网站

Facebook网站于2004年2月由哈佛大学的本科学生创办，目的是借助网络模式替代传统方式的学生指南。网站开通后，很快便在美国其他高等学校广泛流行，现在网站的注册人数已经达到每月1500万人次，每月的页面访问量超过60亿次。Facebook最初的成功是通过向大学生提供实体社区不能无法获取的信息服务——一种交互式的学生指南，包括每个学生的课程计划和社交网络。Facebook比其他的社交网站更能吸引广告机会，因为能够深入地渗透到一系列微社区(各大学校园)内。如果一个地方的广告商想定位一个特殊的大学校园，Facebook是将广告信息传递给观众的最佳途径。2007年，Facebook推出了Facebook开放平台，利用这个框架，第三方软件开发者可以开发与Facebook核心功能集成的应用程序。截至2008年11月，Facebook的用户已经增加到1.2亿，应用程序已经达到2.8万个。

(6) MySpace网站

MySpace 为全球用户提供了一个集交友、个人信息分享、即时通讯等多种功能于一体的互动平台，是一个老少皆宜的在线社区。MySpace 最初的战略并不是以独立制作乐队和围绕音乐的社会网络为目标。有关音乐的主题是以用户为中心的网站发展过程中自然发展出来的。朋友在这里随意交谈，单身人士在这里邂逅同道，制片人在这里与自己的“粉丝”交流。网站对用户是免费的，其收入主要来自广告。同网络搜索巨头合作可以给 MySpace 带来多方面的经济利益，还可以增加网站流量，因为用户无需离开 MySpace 就可以使用搜索功能。与此同时，新增流量能提高 MySpace 广告的价值。MySpace 广告服务的收费标准比较低。

1.3 移动 SNS 平台的相关技术

为了完成“手机版 SNS”向真正移动 SNS 的演进，为了更好地完成 SNS 与通信能力的结合，需要针对未来移动 SNS 提出相应的平台需求，设计相应的平台网络部署，并根据移动 SNS 的多种接入方式、移动 SNS 服务端和客户端与通信能力结合的需求，详细设计移动 SNS 的系统总体架构。本书作者在相关研究中，将整个移动 SNS 划分为移动 SNS 服务端、移动 SNS 客户端、SNS 服务运营商、移动运营商系统和第三方服务五个域。当然，移动 SNS 的服务端与客户端的相关技术是本书的关注重点。

移动 SNS 服务端位于用户、第三方应用服务和移动通信服务提供商的中心位置，其通过与上述三种角色间的交互完成社交服务。移动 SNS 服务和应用是基于分布式网络软件的形式实现，可以通过网络服务、移动通信服务以及网站应用的形式提供给用户，而其用户既可以是人也可以是另外的网络服务或者应用。移动 SNS 系统是处在异构网络融合、内容聚合基础上的社会网络服务系统，是移动通信应用和 Web 应用的融合应用。由于移动 SNS 服务的提供技术包含了众多的关键技术，研制过程中软件复杂度高，通过引入面向构件技术，本书第 3 章提出一种基于构件的移动 SNS 系统的设计方法，设计出一种基于构件的移动 SNS 系统体系结构，并给出系统的构件模型，为移动 SNS 系统的构建提供了一种可行方案。

下一代网络的发展趋势是多网融合，而传统通信网的“复杂网络傻终端”模式与互联网的“简单网络智能终端”模式在融合过程中，必然促进移动终端的迅速发展，移动 SNS 的发展也必然需要各种终端技术的支持。目前，手机操作系统是百家争鸣，如微软的 Windows Mobile，Nokia 主导的 SymbianOS，Google 公司应用于 GPhone 的 Android，开放源代码的 Linux，Palm 公司的 PalmOS 以及 RIM 公司的 Blackberry 等。由联想和中国移动共同开发研制的 OPhone 手机采用

OMS(Open Mobile System)系统。OMS是基于Linux内核，采用Android源代码编写的，为中国移动“深度定制”的移动操作系统。为了提升移动互联网应用的用户体验，实现应用快速开发、部署，屏蔽异构终端对于业务开发的影响，更好地满足移动SNS对终端功能的需求，本书第4章设计了客户端跨操作系统开发平台，它部署在移动终端上的移动互联网应用运行环境，除了具备基本的浏览器功能外，还支持新的移动互联网应用形式——移动Widget——的运行。

无论是互联网，还是移动网络，越来越多的内容不再来自传统媒体或互联网SP，而是直接来自用户，UGC(User Generated Content)也就得到越来越广泛的应用：论坛、博客、社区、电子商务、视频分享。尤其是手机功能的不断强大，移动SNS用户可以随时随地利用手机制作图片、视频，将自己的心情和所见所闻用手机记录下来，并传递给他人将成为趋势，而移动互联网恰好可以起到桥梁作用。通过利用数据挖掘技术分析用户数据、更好地为移动SNS用户提供服务，也成为移动SNS不可或缺的技术。

精准营销是移动通信与移动互联网的重要发展方向之一，这就要求对用户的需求、态度和行为作深度理解，通过用户行为预测未来业务的需求，从而为业务精准定位目标人群，并根据目标人群偏好修正业务特征。目前，用户行为分析已成为把握未来多样化信息服务市场的关键。国际网站分析顶级软件商WebTrends实现了Vodafone等网站的用户访问行为关键数据采集和实时性分析；AT&T研究院将文本和多媒体数据的语义分析技术应用于视频语义搜索和与语音-文本转换等研究。在移动SNS平台中添加设计用户行为数据分析能力也是本书关注的技术点之一。

手机互联网用户往往拥有多个业务系统(包括移动SNS和传统Web)的用户名和密码。用户为了减轻记忆负担，往往在多个系统中使用相同的用户名和密码，这样大大降低了认证信息的安全性。此外，由于在登录到每个业务系统时，要求输入用户的认证信息，用户多次的重复输入极大地降低了用户的业务体验。因此，在移动SNS中运用统一登录技术可以解决以上问题。上述三点移动SNS相关技术将在本书第5章展开叙述。

在完成“手机版SNS”向移动SNS演进的过程中，内容提供商、应用服务商、设备制造商、虚拟运营商和运营商分别在价值链中充当怎样的角色，以及移动SNS演进过程中涉及的相关内容，将在本书第6章给出总结与展望。

2 移动 SNS 架构及需求

移动 SNS 是 SNS 更深层次的应用，主要以移动终端为媒介，以更为真实的社会关系为基础，将 SNS 与移动通信技术有机结合，为人与人、人与机、机与机间的沟通或互通提供更为灵活、更为有力的支持，从而为用户的网上或网下的生活和工作以及用户更好更方便地使用其他网络服务或应用提供有效的帮助。

移动 SNS 平台可以是集中式的、分布式的、混合式的。集中式移动 SNS：客户端可以是 PC、智能终端、移动电话；服务器端是能够支持终端访问和交友业务的中心处理单元。分布式移动 SNS：移动终端各自运行自己的 SNS 能力，SNS 间通过标准的协议和开放接口进行交互；所有交友应用、个性化等，由每个终端自己进行维护；终端既可以是服务器，也可以是访问客户端；各终端间自组织，没有中心节点。混合式移动 SNS：是集中式移动 SNS 和分布式移动 SNS 的综合（即有中心业务服务器的分布式移动 SNS）；中心服务器只记录加入移动 SNS 圈子内的用户基本信息，方便其他用户查找好友；加入移动 SNS 圈子中的节点之间自组织、自维护好友和社区。

由于目前的智能移动终端的发展尚不成熟，大部分移动终端还局限在移动电话和 PDA 上，运算、存储能力有限，跨平台应用也不广泛，加之移动通信网络带宽还不能很好地支持大规模访问，无线接入带宽是“瓶颈”，因此，分布式移动 SNS 还不能很好地应用。鉴于上述分析，这里的移动 SNS 主要指集中式的，并且是与移动通信能力相结合的过渡期的移动 SNS 系统。

2.1 移动 SNS 平台的网络部署

移动 SNS 网络部署描述了移动 SNS 系统在通信网和互联网中的位置，也同时体现了与网络中其他实体的交互。由于各运营移动 SNS 企业的需求不同，所以网络部署结构有一定的差异。例如，通信企业运营移动 SNS 可能有两种部署情况：移动 SNS 位于互联网域和位于能力层（与短信、彩信、位置、呈现等相同的位置）；而非通信企业运营移动 SNS 通常将移动 SNS 服务器部署到互联网域。本书着重讨论非通信企业（如中兴公司）运营移动 SNS 的网络部署情况。

非通信企业运营移动 SNS 将移动 SNS 服务器部署在互联网域，与其他互联网业务运营商居于同等位置。移动 SNS 作为交友平台，提供网络交友业务。同时，应用已有的移动通信业务。网络部署图如图 2.1 所示。

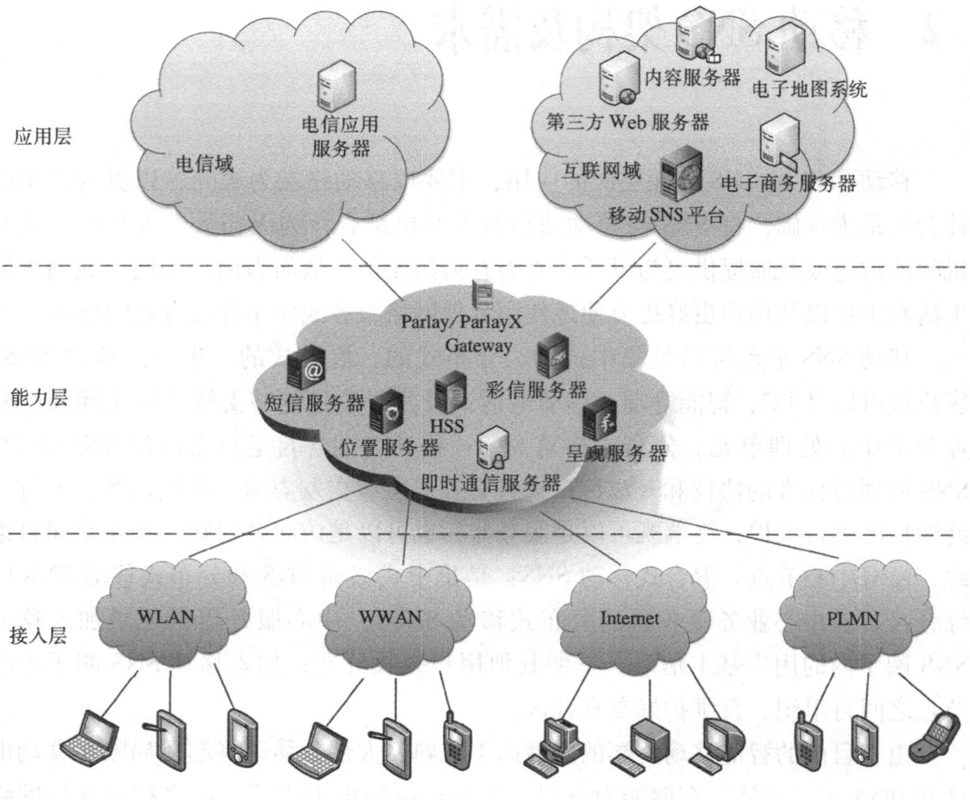

图 2.1　移动 SNS 平台网络部署图

移动 SNS 平台网络部署包含接入层、能力层、应用层，各层间紧密结合，完成具有移动通信能力的社交业务。下面从下到上分层次介绍。

（1）接入层

接入层解决用户如何访问移动 SNS 的问题。移动 SNS 的接入应当能够同时支持无线局域网络接入（WLAN）、互联网接入（Internet）、公共移动通信接入（PLMN）、移动宽带接入（WWAN）。同时，移动 SNS 应当给用户提供多种访问途径，用户可以使用 PC、智能终端、普通电话，通过 Internet 访问移动 SNS 平台或者通过 WAP 网络访问平台。用户多种访问移动 SNS 的途径如图 2.2 所示。

从图 2.2 可以看到，用户访问 SNS 平台的方式是多种多样的，用户可以直接使用低端手机，以 WAP 方式访问移动 SNS 平台；或者使用电脑、移动笔记本，通过 Web 访问移动 SNS 平台，甚至可以把手机的数据通过 USB，Bluetooth

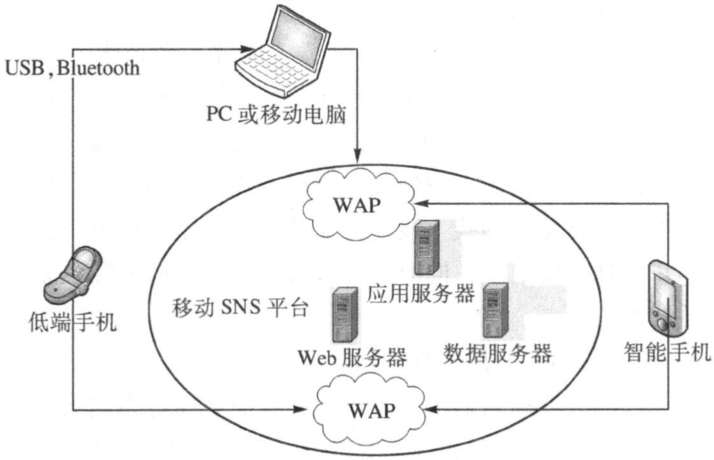

图 2.2 用户访问移动 SNS 的途径

等方式连接到电脑，然后通过电脑让手机的数据和平台保持一致；或者使用智能终端，通过 Web 或者 WAP 两种方式访问移动 SNS 平台。这样可以做到让用户能够随时随地访问移动 SNS 平台。

（2）能力层

能力层是现有移动通信网络提供的业务支撑能力，包括短信服务、彩信服务、位置服务和呈现服务等。移动通信能力层的相关服务通过 Parlay/Parlay X 开放接口给移动 SNS 使用。

（3）应用层

应用层是移动 SNS 服务器所在层。应用层为移动 SNS 提供其所需要的各种服务，如互联网域的电子地图服务、内容服务、电子商务服务、其他 Web 服务等；电信域的应用服务器能够运行第三方开发的业务，同时也能为不同用户提供开放接口。移动 SNS 利用相关服务器提供的服务，提供移动社交网络平台，为移动 SNS 用户提供丰富多彩的业务，在增加用户体验的同时，能让用户充分利用移动设备、移动通信服务和 Web 服务。

2.2 移动 SNS 平台的功能需求

（1）移动 SNS 以移动终端为媒介

当然，移动 SNS 也需要对用户通过 PC 接入 SNS 网站进行信息的管理、与朋友的互通等。但移动 SNS 主要还是以手机移动终端作为用户接入和使用 SNS 服务的手段，从而充分发挥移动终端的可携带性。这就要求移动 SNS 在网页设计、用户交互方式、信息传递方式等方面，要突出移动终端的特点。

（2）移动 SNS 以更为真实的社会关系为基础

在移动 SNS 中，用户主要通过手机接入，因此，在技术上，很容易将 SNS 中的用户与其真实身份联系起来，从而使得在移动 SNS 中，更容易建立真实的社会关系。移动 SNS 的最大价值体现在用户关系上。要帮助用户维护好第一度的联系，促进信任关系的产生，方便关系扩展，不仅要为大家提供一个认识朋友的平台，还要提供丰富多样的线上线下社交活动，为用户提供一种真实的社交生活；不仅使用户的社交面更广，同时也要节省用户在拓展人际关系上所花费的时间成本和物质成本。

（3）将 SNS 与移动通信技术有机结合

移动通信是目前人们通信的主要手段之一。而通信行为绝大多数是基于一定关系的，如朋友、工作、商务等。基于 SNS 构建的各种社会化网络，正好能够体现这种多纬度的社会化关系。因此，基于 SNS 建立的社会化网络关系数据和其他信息可以为用户的通信提供有效的支持。同时，用户的各种通信行为，在很大程度上反映了用户真实的社会关系，如果能够得到有效的利用，将能够为 SNS 社会关系的构建起到非常重要的支撑作用。

因此，本书设计的移动 SNS 平台是基于实名制的，向用户提供个性化服务、好友管理、同步通信录、社区服务、开放平台上的应用、站内搜索、沟通交流、管理平台、移动通信服务等功能。这些功能可以通过 Web 页面的方式提供，用户可通过 PC 或者手机终端接入进行手工操作，也可以通过 API 的方式供其他应用使用，以使得 SNS 建立的社会关系信息能够促进其他网络服务或应用的更加有效的使用。而作为运营移动 SNS 的服务商应当能够有效地管理移动 SNS 相关数据，所以，要提供业务运营商的应用管理功能。

2.2.1 移动 SNS 用户相关功能

（1）个性化服务

移动 SNS 需要为用户提供方便展示自己个性的地方，从而让其他用户能够全面完整地了解用户。个性化服务主要包括个人主页、资料、相册、视频、Blog（日志）、个人空间、评价管理、电子名片、个性签名和我的公告等。

（2）好友管理

移动 SNS 需要为用户对其各种人际关系进行的操作管理提供支持。好友管理功能主要是用户对朋友列表进行查看和管理，包括好友邀请、好友分组、查看好友状态（在线/不在线）、好友删除、加入到黑名单和好友搜索等。

（3）移动通信录

可以在个人电脑、掌上电脑、移动电话等任何联网设备上录入联系人的移动电话号码、固定电话号码、E-mail、QQ、MSN 和通信地址等通信录信息，或对以前的信息进行分组、管理和更新。在授权情况下，该联系人可以看到他所在组内的其他联系人信息，从而实现通信录共享；如果该联系人更新自己的联系信息，通信录会自动更新，实现同步通信录，并留下旧版本的通信录信息。移动通信录主要包括同步通信录、共享(设置权限)和通信录维护等。

(4) 社区服务

移动 SNS 需要为用户方便地构建和管理社区提供支持。社区是一个有着近似兴趣、职业、行业、地域等共同特点或者关键词形成的群体，主要基于用户填写个人资料时候的关键词，并将关键词标签(Tag)化，从而自动将同一个 Tag 形成的群体列出。社区服务主要包括群组、话题、搜索群组和搜索话题等。

(5) 开放平台上的应用

在移动 SNS 开放平台中的用户有两类：开发第三方应用的用户和使用移动 SNS 应用的用户。对于开发第三方应用的用户，移动 SNS 需要为各种应用与移动 SNS 的交互提供良好的支持，具体支持功能可以包括：应用的注册、注销以及必要的管理、监控功能等，应用对 SNS 中信息的主动获取支持功能，SNS 对应用定购的信息的主动推送支持功能，以及应用产生的信息对 SNS 中相关信息的更新支持功能等。对于使用移动 SNS 应用的用户来说，移动 SNS 平台应当能够提供添加、编辑、删除应用的功能。

(6) 站内搜索

能够为用户提供方便的搜索功能，包括好友搜索、群组搜索、话题搜索和应用搜索等，分别是搜索在各模块中的应用。

(7) 管理平台

移动 SNS 用户可以对自己的以上相关操作进行批量管理，如好友维护、群组维护、话题维护和应用维护等。

(8) 移动通信服务

移动 SNS 能够提供短信、彩信、视频和位置等移动通信相关功能。

2.2.2 移动 SNS 平台维护功能

(1) 系统设置

系统设置包括系统开放程度、新用户默认隐私设置和默认动态发布设置等。

(2) 基本设置

基本设置包括站点设置、用户组、隐私设置、用户栏目、群组栏目和广告设置等。

(3) 批量管理

批量管理包括对日志、相册、视频、评论、话题、群组和用户等进行批量管理。

(4) 高级管理

高级管理指维护移动 SNS 系统数据，包括数据备份、缓存管理等。

2.3　移动 SNS 与通信能力结合方法

移动 SNS 是 SNS 平台与移动通信能力相结合的产物。用户在进行网上交友的同时，充分利用移动通信能力。本节详细介绍移动通信能力在移动 SNS 中的应用方法，主要指短信、彩信、位置等与 SNS 结合应用的方法。由于移动 SNS 平台分为服务端和客户端，并且服务端和客户端都可以应用上述移动通信能力，所以，这里分别针对服务端和客户端与移动通信能力相结合的方法进行讨论。

2.3.1　服务端与通信能力结合方法

2.3.1.1　移动 SNS 与短信结合的方法

移动 SNS 用户与好友沟通交流应当通过两条途径：登录移动 SNS 平台(在线)和短信(离线)。好友间交流关系也有一对一和一对多模式，同时用户可以选择是否经由移动 SNS 平台转发短信服务。移动 SNS 与短信服务结合的网络系统结构如图 2.3 所示。

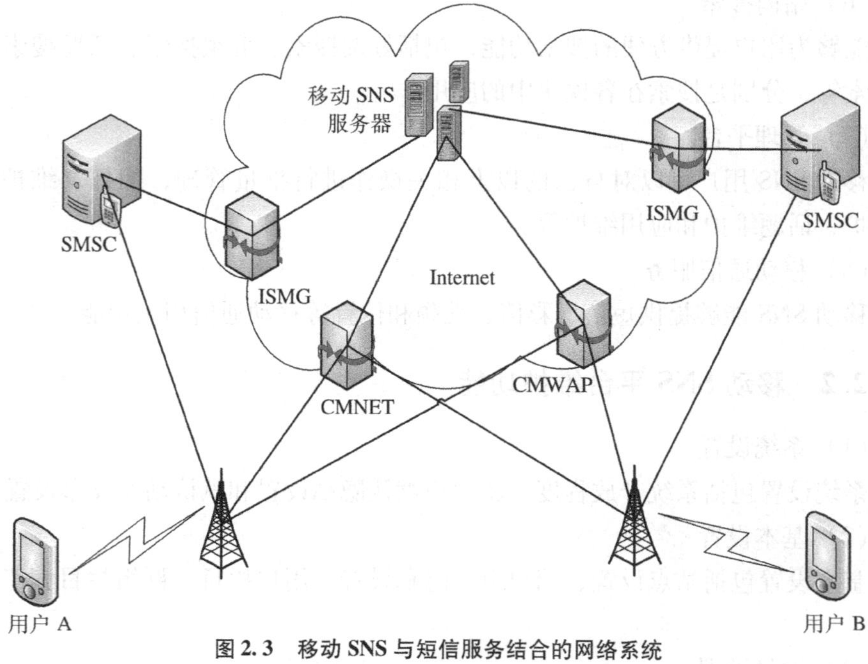

图 2.3　移动 SNS 与短信服务结合的网络系统

移动 SNS 与短信服务结合的网络系统中各部分的作用和关系说明如下。

（1）短信服务参与实体

① 移动 SNS 运营商：提供通过短信交友服务。

② 短信网关(Internet Short Message Gateway，ISMG)：提供 SP 与短信中心之间数据交换的通道，采用 CMPP 2.0(China Mobile Peer to Peer，中国移动点对点短消息协议)与 SP 进行连接，采用 SMPP 3.3(Short Message Peer to Peer，点对点短消息协议)与短信中心连接。

③ 短信中心(Short Message Service Center，SMSC)：利用信令网将短信发送给手机用户。

④ CMNET：是中国移动 GPRS 网络的接入点的名称，通过 CMNET 可以获得完全的 Internet 访问权。

⑤ CMWAP：为了从应用中与 CMNET 区别，中国移动对 CMWAP 作了一定的限制，主要表现在 CMWAP 接入时只能访问 GPRS 网络内的 IP(10. *. *. *)，而无法通过路由访问 Internet(少数地区的移动网络可能不存在这一限制)。用户用 CMWAP 浏览 Internet 上的网页就是通过 WAP 网关协议或它提供的 HTTP 代理服务实现的。

⑥ 用户：加入移动 SNS 交友活动的用户；定义用户状态：短信在线，移动 SNS 在线、不在线。用户通过短信，WAP，HTTP 与好友互发短信息。

（2）短信服务业务过程

① 用户发短信业务：对于移动 SNS 离线状态，用户发送短信到短信中心，短信中心将短信内容以 SMPP 协议发给连接的短信网关，短信网关根据短信发送号码(即移动 SNS 的服务代码)，将短信内容以 CMPP 协议发给移动 SNS 服务端进行处理；对于移动 SNS 在线用户，只需在移动 SNS 客户端页面发送短信到移动 SNS 服务端处理。

② 移动 SNS 服务端转发用户短信：通过用户指定的好友或群组的发送号码进行转发。对于移动 SNS 在线好友，则发送到移动 SNS 客户端；如果是短信在线用户(即好友状态为离线)，将短信内容以 CMPP 协议发给连接的短信网关，由短信网关根据用户手机号段，以 SMPP 协议发给用户归属的短信中心，再由短信中心发到好友的移动设备。

SNS 与移动通信网络中短信能力的结合，丰富了好友间信息沟通的方式，同时增加了短信联络对象的范围，简化了短信发送的过程。特别是群组短信的发放，通过 SNS 平台中已有的各种网络关系发送群组短信，要比在手持设备上组织多个发送对象简便得多。

此外，将 SNS 平台中日志、留言板和用户心情等服务与短信结合，用户还可以通过短信发表短日志、留言和更改状态。

2.3.1.2　移动 SNS 与彩信结合的方法

彩信即多媒体信息业务（MMS），是短信息服务（SMS）和其他更为丰富的媒体信息（如图像、音频、视频和数据等）结合并进一步发展的产物。MMS 业务虽然在给用户的业务表现上，类似于 SMS 业务，但在实际的实现方法上采用的是 WAP 事件的处理流程，由接收方主动从 MMSC 获取信息，类似于 WAP 的浏览或下载方式。移动 SNS 与彩信服务相结合的网络系统如图 2.4 所示。

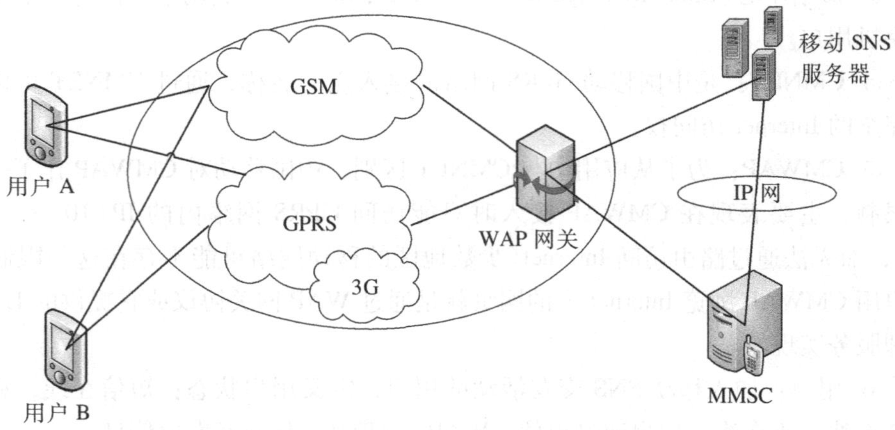

图 2.4　移动 SNS 与彩信服务相结合的网络系统

移动 SNS 与彩信服务结合的网络系统中各部分的作用和关系说明如下。

（1）多媒体信息服务参与实体

MMSC（MMS 中继服务器/多媒体信息中心）对多媒体消息进行存储和处理，包括消息的输入、输出、地址解析、通知、报告等。同时，负责多媒体消息在不同 MMSC 之间的传递等操作。

其他相关实体与上述移动 SNS 短信网络系统中介绍的相同。

（2）多媒体信息服务业务过程

① 移动客户端到移动 SNS 服务端的业务流程如下。

• 终端编制多媒体信息，采用 MM1 接口地址格式，将多媒体信息发送到发送方 MMSC。

• 当发送者和接收者不属于同一个 MMSC 时，发送方 MMSC 根据路由规则将 MM 消息转发给接收方 MMSC。MMSC 间交互采用 MM4 接口地址格式。

• 接收方 MMSC 将 MM 消息发送给接收方移动 SNS 服务系统。MMSC 到移动 SNS 系统间采用 MM7 接口地址格式。

② 移动 SNS 服务端到移动客户端的业务流程如下。

• 移动 SNS 系统将 MM 消息发送到发送方 MMSC，采用 MM1 接口地址格式。

• 当发送者和接收者不属于同一个 MMSC 时，发送方 MMSC 根据路由规则，将 MM 消息转发给接收方 MMSC，采用 MM4 接口地址格式。

• 接收方 MMSC 将 MM 通知发送给接收方终端，采用 MM1 接口地址格式。

• 接收方终端将提取 MM 消息的请求发送给接收方 MMSC，采用 MM1 接口地址格式。

• 接收方 MMSC 将 MM 消息发送给接收方终端，采用 MM1 接口地址格式。

• 接收方 MMSC 将状态报告发送给发送方 MMSC，采用 MM1 接口地址格式。

• 发送方 MMSC 将状态报告发给发送方终端，采用 MM1 接口地址格式。

移动 SNS 与彩信的结合应用可以充分借鉴 2.3.1.1 介绍的与短信的结合应用。同时，利用彩信可以传输多媒体文件的特点，还可以与移动 SNS 平台的相册、用户头像等内容相结合。

2.3.1.3 SNS 与位置结合的方法

基于位置的业务(Location Based Service，LBS)是通过 GSM 网络获取移动终端用户的位置信息(经纬度坐标)，在电子地图平台的支持下，为用户提供相应服务的一种增值业务。位置在社会网络服务中具有非常重要的地位，尤其在无处不在、时时刻刻的交友活动中。用户只要开通了基于位置的业务，就可以方便地获知自己或其他使用移动客户端在线的好友目前所处的位置，还可以通过移动终端查询其附近各种场所的信息：我在哪里、离我最近的医院在哪儿、我周围有哪些银行、从这里到某地怎么走、我的好朋友现在的位置等。移动 SNS 与位置服务结合的网络系统如图 2.5 所示。

移动 SNS 与位置服务结合的网络系统中各部分的作用和关系说明如下。

(1) 位置服务参与实体

① LBS 业务平台：实现核心网络接入模块，SMSC，SP Proxy，位置业务管理模块，语音业务逻辑模块五位一体的功能。

② DMSP 数据业务管理平台。主要功能为：管理用户数据业务通用信息，管理 SP/CP 数据。此外，它还具有话单批价和与结算中心对接的功能。

③ 其他部分与上述相同。

(2) 位置服务业务过程

从用户使用的角度看，LBS 业务主要分为定位自身位置和定位其他用户位置两种，但无论是哪一类应用，用户完整的业务流程均分为以下三部分。

① 业务请求：终端用户通过 SMS/WAP/语音/WWW 等多种接入方式，经

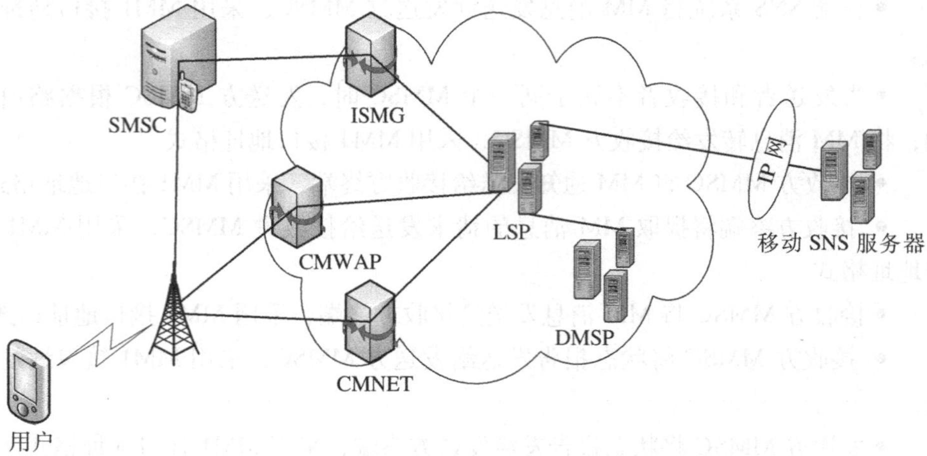

图 2.5　移动 SNS 与位置服务结合的网络系统

移动运营商的网络将 LBS 业务请求提交至移动 SNS 平台(PUSH 类应用无此部分)。

② 定位过程：移动 SNS 要求移动运营商返回用户的位置信息(以绝对位置信息经纬度或相对位置信息地图表示)。

③ 业务推送：移动 SNS 将得到的用户位置信息通过 SMS/WAP/语音/WWW等多种接入方式返回至用户，在其终端上进行显示，并触发相关业务。

2.3.1.4　SNS 与 Presence 结合的讨论

Presence 业务允许用户发布自己的状态信息，订阅他人的状态信息，并在信息发生变化时告知订阅者。依靠 Presence 业务，即时通信用户可以互相了解通信对方的状态所具备的通信能力以及对方期望采取的通信方式，这样使得通信双方能够在特定的场合选择最适合的通信方式，从而提高通信效率和用户满意度。因此，Presence 业务也可作为业务引擎供其他业务调用。

OMA(Open Mobile Alliance)规范提出，Presence 信息必须能够支持一种能表达丰富状态信息集合的格式。出于交互的目的，Presence 信息必须使用统一的格式来表示，而且应该为建议的 16 种一般性信息定义标准格式和信息语义。这 16 种信息包括：用户针对特定业务的意愿，用户的心情、位置、状态，用户终端的业务支持能力和接入能力，用户所在网络的带宽、拥塞程度，用户的漫游信息等。

用户的位置是 Presence 信息中的重要一项，本章在 2.3.1.3 节中对“SNS 与位置结合的方法”的讨论，实际上已经从一个角度给出了 SNS 与 Presence 结合的可能。但 Presence 业务的设计初衷是为了提升“即时消息 IM”业务的用户体验，这些属性信息过于实时和细节，除了位置信息外，大多数属性信息不便于与SNS结合。同时，Presence信息的订购、发布和通知的过程，已经包含了好友列表、黑名单等信息获取权限分级限制，在一定意义上与SNS的功能重合，甚至可能因为两个系统的好友列表和黑名单数据的不一致引发业务执行冲突。最为重要的是，在现网运营中，并未成规模地部署Presence服务器，对与保存哪些用户信息、如何统一格式表达用户信息都是悬而未决的问题。

综上所述，SNS与Presence的结合，我们认为现阶段只存在诸如位置信息等个别属性结合的可能，全面地结合并生成新业务当前还不具备条件。

2.3.2 客户端与通信能力结合需求

移动SNS客户端包括固定PC、移动笔记本、上网本、智能手机和普通手机等。对于固定PC、移动笔记本和上网本等通过Internet接入SNS平台，仅仅使用HTTP方式访问网络服务，通常不具备有移动电话特有的通信能力。因此，这里只讨论智能手机和普通手机作为移动SNS客户端与通信能力的结合。

普通手机通常情况下仅仅通过WAP方式登录移动SNS，不能够跨操作系统运行第三方应用，也没有开放的编程接口。普通手机可以将短信、彩信、位置信息发送到移动SNS服务器(移动SNS申请服务号)，在后台对其进行处理。

智能手机具有一定的编程能力与计算能力。通过智能手机开放的移动通信能力接口、终端资源接口和移动SNS服务器开放的API，可能聚合生成在智能手机上运行的应用。

2.4 移动SNS与手机游戏结合方法

手机游戏大致有短信游戏、Widget游戏、JAVA和BREW单机游戏，本节主要说明手机游戏作为第三方应用与SNS的结合。

2.4.1 移动SNS与短信游戏结合

短信游戏与移动SNS结合主要是通过移动SNS中转短信服务，达到多个好友同时参与游戏的目的。具体方法参照上述SNS与短信的结合方法，同时可以实现一对一短信游戏、一对多短信游戏、多对多短信游戏。

2.4.2 移动SNS与Widget游戏结合

Widget(微技)是目前非常热门的一种基于浏览器技术的Web应用，是基于成熟的互联网技术(如Ajax)的轻量级应用程序。用户通过手机Widget可以很快地访问移动互联网业务，同时获得良好的用户体验。在本书的后续相关章节专门讨论 Widget 的相关内容。

移动 SNS 与 Widget 游戏的结合有以下两种情况。

（1）Widget 游戏作为移动 SNS 第三方应用出现

Widget 游戏作为移动 SNS 第三方应用，其交互图如图 2.6 所示。

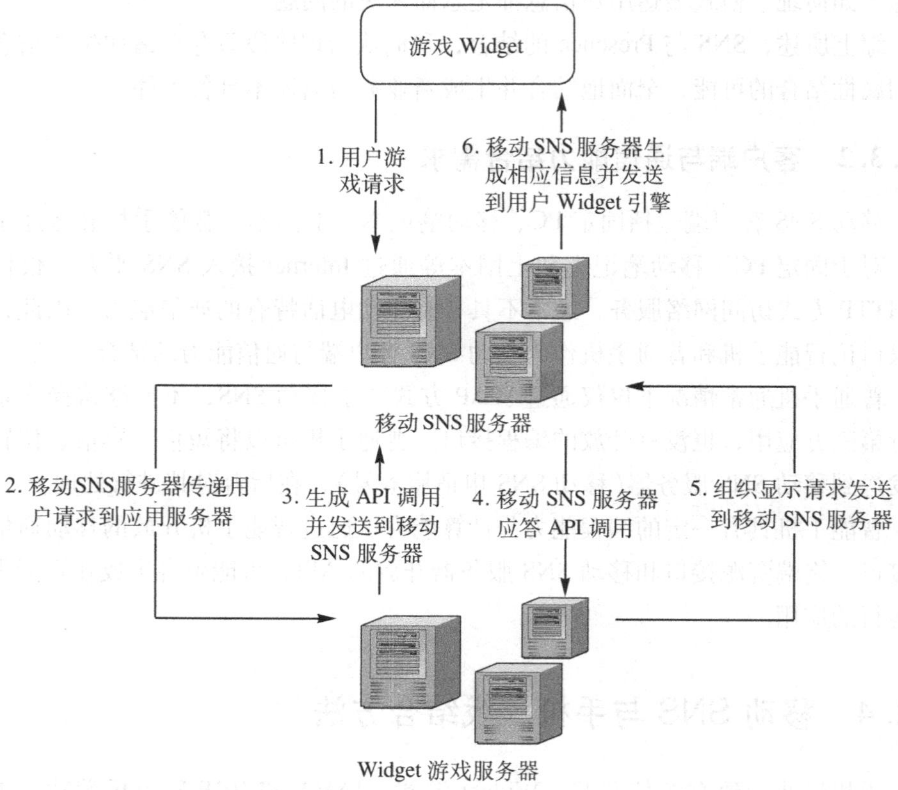

图 2.6　作为第三方应用的 Widget 游戏与移动 SNS 的交互图

流程描述如下：

① 用户通过调用 Widget 向移动 SNS 服务器发送第三方应用请求服务；

② 移动 SNS 服务器将用户请求转发到第三方应用 Widget 游戏服务器；

③ 第三方应用 Widget 游戏服务器生成相关 API 调用并且将其发送给移动 SNS 服务器；

④ 移动 SNS 服务器应答 API 调用；

⑤ 第三方应用构造显示请求发送到移动 SNS 服务器；

⑥ 移动 SNS 服务器生成相应信息并发送到用户 Widget 引擎。

（2）Widget 游戏服务器使用 SNS 的相关功能

Widget 游戏服务器使用 SNS 的相关功能和数据的交互图如图 2.7 所示。

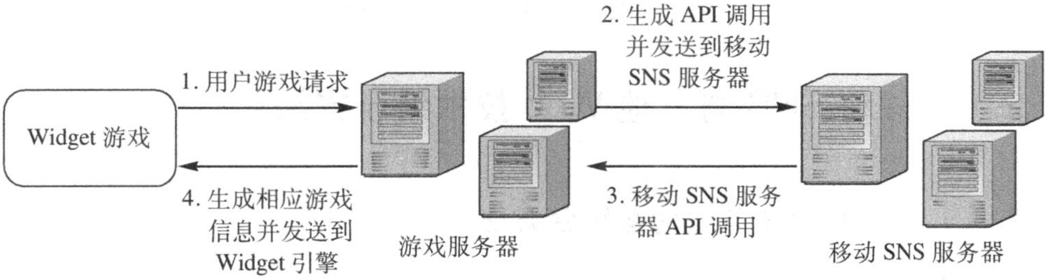

图 2.7 Widget 游戏使用移动 SNS 功能的交互图

流程描述如下：

① 用户通过浏览器向服务器请求游戏服务；

② 服务器判断是否需要移动 SNS 相关数据和功能支持，如果需要，调用移动 SNS 服务器 API，中间过程需要权限验证；

③ 移动 SNS 将 API 执行结果返回游戏服务器；

④ 游戏服务器生成游戏业务发送到客户端 Widget 执行引擎。

2.4.3 移动 SNS 与 JAVA 和 BREW 单机游戏结合

对于手机单机游戏，可以通过调用移动 SNS 开放 API 或者类库接口访问移动 SNS 能力，使用移动 SNS 能力服务的移动终端仅仅限于具有编程能力和有一定计算能力。交互图如图 2.8 所示。

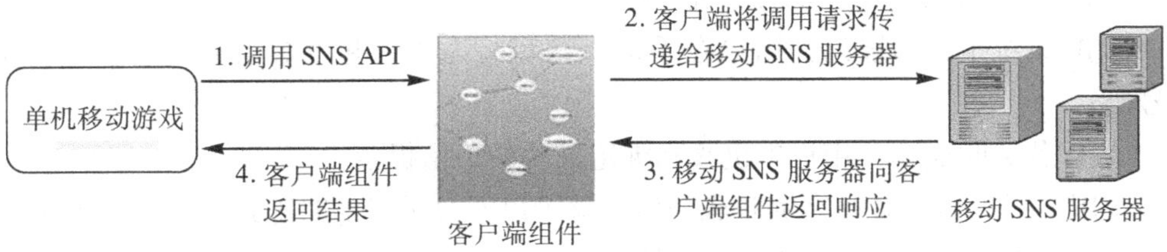

图 2.8 移动 SNS 与单机游戏的交互图

流程描述如下：

① 第三方移动桌面游戏调用移动 SNS 提供的客户端类库中的 API 接口；

② 客户端类库将调用的 API 送到移动 SNS 服务器进行处理；

③ 移动 SNS 服务器将处理结果通过客户端组件库返回给第三方移动桌面应用程序。

从上述游戏结合技术可以看出，与移动 SNS 相关的游戏是以好友参与的游戏为主，好友之间形成虚拟的游戏社区。这样的游戏社区主要有两种类型：异步游戏和同步游戏。无论是异步游戏还是同步游戏，终端具有的移动性对其都没有太大的影响，对其影响主要在于用户当前所接入的网络状态。

2.5　移动 SNS 与其他 Web 技术结合方法

2.5.1　移动 SNS 与微博客结合方法

微博客是一种非正式的迷你型博客，是 Web 2.0 的一种表现形式，是一种可以即时发布消息的系统。微博客的最大特点是集成化和 API 开放化，用户可以通过移动设备、IM 软件（Gtalk，MSN，QQ，Skype 等）和外部 API 接口等途径向其微博客发布消息。微博客发布的消息比较简短，每次最多只能发送 140 个字符。

移动 SNS 与微博客相结合，用户能够即时地发布消息和评论，方便用户了解身边的人和事，更能充分体现移动 SNS 实时和互动的特性。实际上，微博客完全可以作为移动 SNS 中的一个主题功能存在；或者说，移动 SNS 中的短日志、用户状态和留言板等功能，完全可以改造成为微博客。

移动 SNS 与微博客结合，首先必须完成移动设备和用户个人微博客的关联设置，具体到手机，就是将用户手机号与其微博客进行关联设置。

关联设置的一般过程如下：

① 用户通过 PC 访问其微博客，进入微博客与手机关联设置界面；

② 用户输入需要关联的手机号码；

③ 系统生成验证码，用户在手机上编写验证码，并以短信形式发送至指定号码；

④ 若关联成功，用户手机收到绑定成功的短信提示。

用户手机与其微博客关联成功后，就可以通过手机随时随地发表微博客和评论，也可查看好友和其他用户的微博客。手机发表和参与微博客讨论可以通过短信、彩信和访问微博客站点三种方式进行。下面分别介绍这三种方式。

（1）通过短信方式使用微博客功能

用户通过手机短信方式发表微博客，其网络系统结构如图 2.9 所示。

通过短信方式发表微博客的网络系统中的各部分作用和关系说明如下。

① 服务参与实体。参见 SNS 与短信服务结合的相关介绍和说明。

② 短信发表微博客过程。

第一，用户编辑微博客内容，并以短信形式发送至短信中心；

第二，短信中心将短信内容发给连接的短信网关，短信网关根据短信发送号

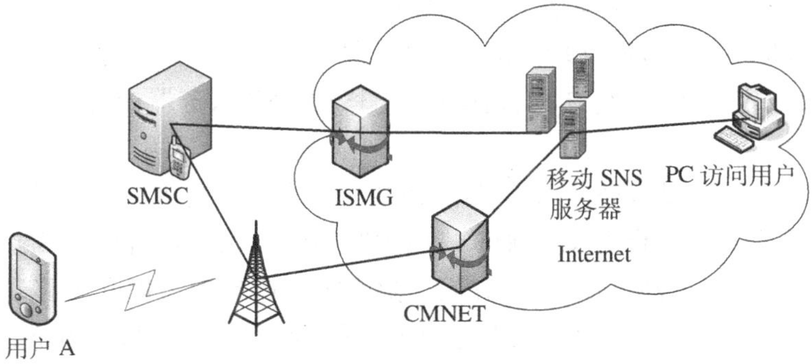

图 2.9 短信方式发表微博客网络系统结构图

码(即移动 SNS 的服务代码，用户手机号)，将短信内容发给移动 SNS 服务端进行存储和处理；

第三，其他用户通过 PC 访问微博客时，移动 SNS 服务器会将微博客向 PC 用户展示。

（2）通过彩信方式使用微博客功能

手机通过彩信方式发表微博客网络结构和业务流程，与移动 SNS 与彩信结合方式类似，只是当移动 SNS 服务器收到用户发送的彩信内容时，才对该内容进行相应的分类处理并存储。通过彩信方式发表微博客，用户还可传输照片等多媒体资料，丰富微博客内容。

（3）通过 WAP 方式访问微博客站点方式使用微博客功能

用户通过访问微博客站点方式发表微博客的网络系统结构如图 2-10 所示。

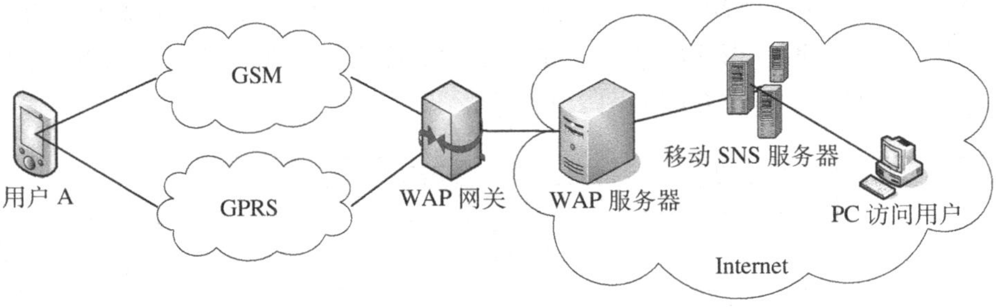

图 2.10 通过 WAP 方式访问微博客站点发表微博客网络系统结构

流程描述如下：

① 用户通过 GSM/GPRS 将发布微博客页面的请求发送至 WAP 网关；

② WAP 网关将请求传递至 WAP 服务器，并将 WAP 请求翻译成 IP 协议的 HTTP 请求；

③ WAP 服务器对页面请求进行处理，并传递至移动 SNS 服务器；

④ 移动 SNS 服务器处理该请求，将被请求信息返回或者存储相关信息；

⑤ 其他用户通过 PC 访问微博客时，移动 SNS 服务器会将微博客信息显示给 PC 用户。

综上所述，移动 SNS 与微博客的相结合，实际上是借用了"微博客"的思想，并且在自身的平台上又增加了一项主题功能。无论是对移动 SNS 还是微博客，都具有很大的现实意义。一方面，微博客的业务形态提升了移动 SNS 中原有部分业务(如短日志、用户状态等)的灵活性和互动性；另一方面，SNS 中已有的用户基础能够扩展微博客的覆盖范围，移动的应用方式使得用户在任何时间、任何地点都能享受微博客的功能。

其实，也可以按照以微博客为主线，发展辅助的 SNS 应用，建设新网站的方式来推广微博客，并可以让用户直接用手机号码注册，这样就更为直接。移动新推出"139 说客"(139. com)就是这样一种业务形态，可以将好友的新发微博客直接以短信形式 push 给好友。

当然，还可以继续推广微博客 push 信息的内容范围，将好友对于帖子的回复继续以短信的形式送出来，这样甚至可以形成手机短信群聊的业务状态。不过，这样的形态也可能会造成垃圾短信的泛滥，因此，需要完善的管理机制。

2. 5. 2　移动 SNS 与互联网即时消息系统结合方法

移动 SNS 与互联网即时消息系统(简称 IM)结合的方式主要有两种：一种是移动 SNS 用户向其 IM 好友发送移动 SNS 注册邀请邮件，另一种是用户直接通过其 IM 客户端在移动 SNS 上发表微博客、日志和用户状态等形式的短文字内容。

要实现以上两种形式的结合，首先必须实现用户移动 SNS 账户与 IM 账户的身份捆绑，具体实现交互图如图 2. 11 所示。

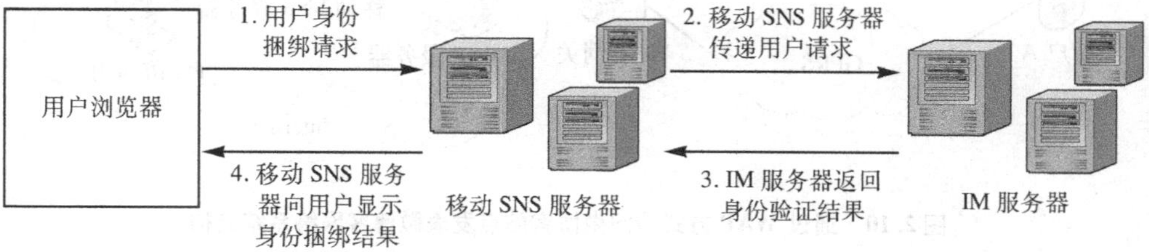

图 2. 11　移动 SNS 与 IM 进行用户身份捆绑的交互图

流程描述如下：

① 用户在移动 SNS 中提交其 IM 账户名和密码；

② 移动 SNS 服务器将用户的 IM 账户名和密码发送给 IM 服务器进行验证；

③ IM 服务器向移动 SNS 服务器返回验证结果；

④ 移动 SNS 服务器根据验证结果告知用户身份捆绑是否成功。

当用户成功进行了身份捆绑后，移动 SNS 将通过在数据库中专门建立一张表来维护这种身份捆绑关系，这张表包含两个重要字段——用户分别在移动 SNS 和 IM 系统中的账号，当用户进行了身份捆绑后，即在此表中加入一条记录；当用户申请取消身份捆绑时，将此表中相应的记录删除即可。这种捆绑方式一般需要移动 SNS 提供商和 IM 服务提供商达成良好的共赢协议：如果双方是对等关系，形成以用户为纽带的一对一的联合方式，那么捆绑关系就简捷，便于开展应用；如果是一方以集团客户账号的方式加入到另一方，那么应用和管理成本相应增加许多。

进行了身份捆绑后，就可以实现移动 SNS 与 IM 的两种结合方式。

(1) SNS 用户向其 IM 好友发送移动 SNS 注册邀请邮件

移动 SNS 用户可以通过 IM 服务器获取其 IM 好友信息，其中包含好友与 IM 绑定的邮箱地址，然后移动 SNS 给这些邮箱发送注册邀请邮件，其交互图如图 2.12 所示。

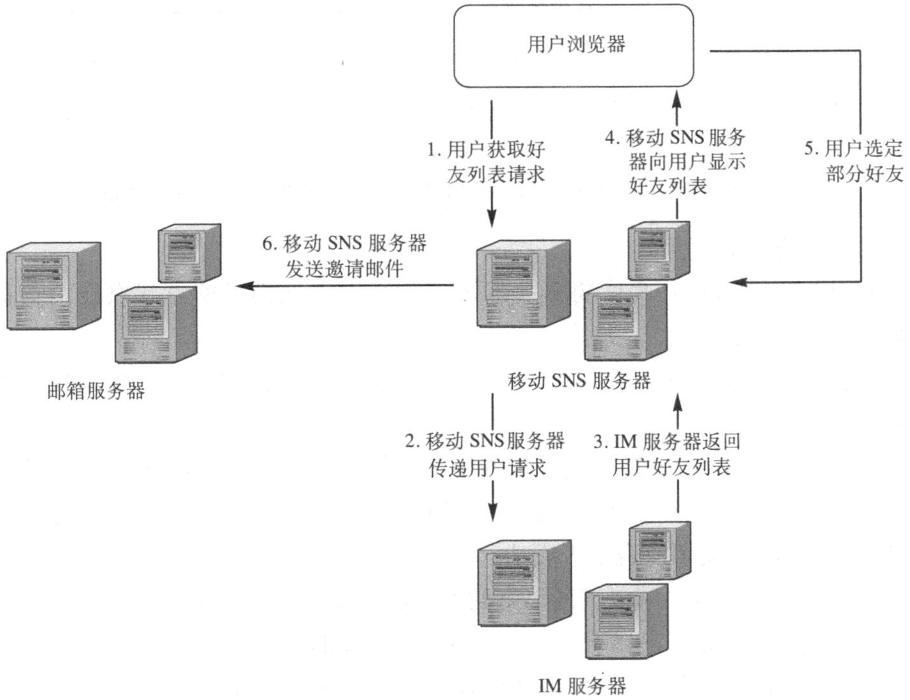

图 2.12 通过 IM 发送注册移动 SNS 邀请邮件的交互图

流程描述如下：

① 用户在移动 SNS 中提出获取 IM 好友列表请求；

② 移动 SNS 服务器将用户的请求转发给 IM 服务器；

③ IM 服务器向移动 SNS 服务器返回用户好友列表；

④ 移动 SNS 服务器向用户显示其好友列表，用户选取要向哪些好友发送邀请邮件；

⑤ 用户将选取结果发送给移动 SNS 服务器；

⑥ 移动 SNS 服务器给用户选取的好友发送注册邀请邮件。

（2）用户直接通过其 IM 客户端在移动 SNS 上发表微博客、日志等形式的文字

移动 SNS 可以自身绑定一个 IM 账户，用户通过其 IM 客户端，把他们想要发表的文字内容以普通消息的方式向移动 SNS 的 IM 账号发送，移动 SNS 通过 IM 的开放接口来定时获得其 IM 账户接收到的消息，并将它们发布，交互图如图 2.13 所示。

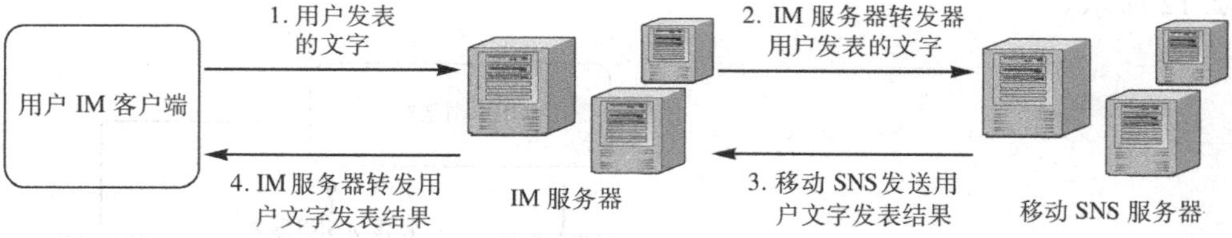

图 2.13　移动 SNS 与 IM 结合通过 IM 在移动 SNS 上发表文字的交互图

流程描述如下：

① 用户用其 IM 客户端将其要发表的文字以普通消息的方式发送给与移动 SNS 捆绑的 IM 账号；

② IM 服务器向移动 SNS 服务器发送其 IM 账号收到的消息，即用户发表的文字内容；

③ 移动 SNS 服务器根据其维护的用户身份捆绑关系，确定该用户的 SNS 账号，并发表收到的文字内容，然后通过 IM 的开放接口，以普通消息的方式向用户的 IM 账号回复文字发表是否成功；

④ 用户的 IM 客户端以普通消息的方式收到文字发表结果的响应。

由于上述两种方式的结合均建立在用户将 IM 的账号在移动 SNS 进行身份捆绑的基础上，因此，移动 SNS 必须有效地维护这种身份捆绑关系，能够正常地实现绑定和解除绑定的功能，而 IM 系统则只需提供远程身份验证、好友列表获取及消息收发机制即可。在目前的主流 IM 软件中，MSN 提供了这样的机制，其

主要是通过开放协议 MSNP 来实现的。只需按照 MSNP 规定的指令格式：

XXX [<SP>TrID <SP>PARAM1 <SP>PARAM2...] <CRLF>

其中，<SP>是空白字符，<CRLF>是回车换行，XXX 是一个三字符的命令串，TrID 是一个流水号，PARAMx 是参数，[ ]内是可选项。最简单的命令没有流水号和参数。

以 socket 方式向其发送和接收指令，就可以完成包括登录验证、好友列表获取、消息接收和发送等一系列功能。目前，各大 SNS 网站均支持给 MSN 好友发送注册邀请邮件；而包括新浪微博在内的一系列微博客网站也支持通过 MSN 客户端发表微博，腾讯的官方微博腾讯滔滔也支持通过 QQ 客户端发表微博，采用的都是上文提到的方式。

2.5.3 SNS 与垂直门户网站的结合应用——人人连接

2009 年 10 月 27 日，人人网举行“人人连接”战略联盟发布会，正式宣告人人网将通过“人人连接”技术，实现与土豆网、互动百科、玛蜂窝、大众点评网、爱卡汽车网等各垂直领域优秀网站的全面连接。在人人连接技术支持下的人人网，将成为更加广义的开放平台，汇聚整个互联网的力量，将 SNS 的发展推向极致。

人人网是中国最大的 SNS 网站，在推出人人连接以后，已经拥有了超过1 亿的注册用户。人人网预计，对第三方合作网站而言，与人人网的连接将获得 30% ~200% 注册用户数量的增长，以及 15% ~100% UGC(用户自主生产内容)的增长，被分享到人人网上的“新鲜事”也将有一半被点击，每个“新鲜事”至少达到 3 次点击，无论是从用户注册量还是从内容的丰富性来看，人人连接对合作网站发展都是一种良性的促进。

有研究机构认为，人人网与土豆网数据互通促进合作共赢，精准营销潜力巨大。

从用户层面上，对人人网而言，与土豆网的数据互通有利于提高用户活跃度，扩大人人网的用户规模。一方面，土豆网拥有超过 1 亿的用户覆盖规模，同时以 18—35 岁的公司职员为主的土豆网用户群体与人人网用户群体交叉颇多；另一方面，通过将用户在土豆网上的分享、挖掘等行为及时反映到人人网主页，从而增加了用户状态的更新来源，有效地提高了用户活跃度。

对土豆网而言，与人人网的数据互通意义重大。一方面，土豆网虽然在2008 年即推出 SNS 服务，但由于用户在视频网站上的互动需求不高、注册人数少的缘故，只有 10% 的土豆网用户是注册用户。而在土豆网与人人网互通后，人人网的用户无需重新注册即可平滑过渡至土豆网，从而在给土豆网带来大量用户的同时，提高了用户黏性。另一方面，通过主动推送用户分享行为到人人网主页，在促进土豆网视频病毒式传销的同时，有效地提高了土豆网的视频流量率。

当然，两者之间的合作并不仅限于用户活跃度的提升，人人网与土豆网数据互通拥有巨大的精准营销潜力。人人网虽然拥有真实的用户信息，但由于缺少可分析的用户行为，对用户的需求偏好、行为特点的细化定位不足，因此未能体现人人网在精准营销方面的优势。而在土豆网与人人网互通后，用户的视频分享行为则可成为挖掘用户需求偏好的信息宝藏。通过结合用户在人人网的真实信息，借鉴早已发展成熟的电视传播分析方法，遂而推测出用户在购买行为、商品偏好等方面的信息。例如，一名人人网用户多次分享了土豆网上的彩妆视频，人人网可以根据用户的年龄层次、教育层次和视频内容信息，判断该名用户符合何种彩妆品牌的用户人群、是否具有购买能力等，从而实现精准营销。

然而，土豆网与人人网合作效果如何，决定于两者的推动力度。由于需要用户主动将人人网账户与土豆网账户进行绑定，而绑定后用户除了可以使用人人网账户登录土豆网之外，并无更深入的用户激励措施。将土豆网视频一键分享到人人网的技术形式早已实现，仅局限于为用户提供更方便分享视频的体验不能全面驱使用户绑定两网账户。因此，为用户提供更丰富的体验，从而推动两者账户绑定，既是实现土豆网与人人网合作共赢的基础，也是实现精准营销的根本所在。

从 BBS、聚合小区到信息、电子商务、网络游戏，互联网应用千变万化，当前已经发展到了爆发的时刻，以 SNS 为基础的社交网络，正在互联网多种应用中扮演着越来越重要的角色。分析人士指出，互联网是沟通和传递信息的载体，因此，沟通和交流永远是互联网的本质，人人网引领的网络社交应用，正在从最根本之处改变互联网的局势。业内专家指出，对整个互联网行业而言，人人连接是一种趋势和潮流，SNS 网站尤为适合率先进行。作为这一领域的先锋，人人网将人人连接作为发展战略中的重要一环，足见其紧紧把握住了行业发展的脉搏，众多网站都可以尝试加入人人网的人人连接战略，在提升用户体验的同时，体验这一浪潮带来的收获，这样的合作有利于互联网的繁荣发展。

2.6 移动 SNS 系统总体架构

基于本章上述章节对移动 SNS 的平台需求和相关能力的分析，本节提出图 2.14 所示的移动 SNS 系统总体架构。

移动 SNS 系统总体架构中包括了移动 SNS 客户端、移动 SNS 服务运营商、移动 SNS 服务端、移动网络运营商系统和第三方服务五个域。用户通过终端登录移动 SNS 服务域，具有编程能力的终端提供相关系统支撑模块；移动 SNS 服

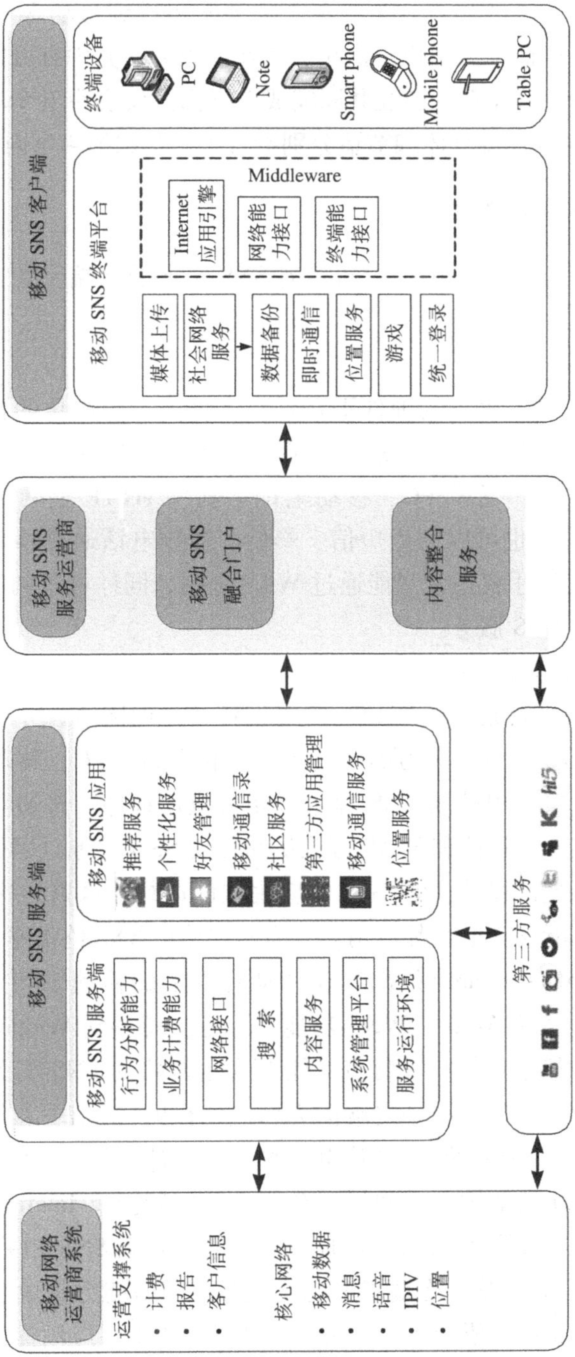

图 2.14 移动 SNS 系统总体架构

务运营域将相关请求通过开放 API 或者基本类库传送到移动 SNS 服务端；移动 SNS 服务运营域根据请求为用户提供相关的业务服务，其中有可能通过与第三方服务或者移动网络运营商系统交互共同完成。下面简要说明五个域的情况，其中移动 SNS 服务端和客户端具体细节请分别参看第 3 章和第 4 章内容。

2.6.1 移动 SNS 客户端

移动 SNS 客户端说明了用户访问移动 SNS 服务的终端设备、终端软件支撑平台及相关应用。

（1）终端设备

用户使用移动 SNS 服务的硬件平台具有多种类、异构化的特点，通常包括 PC、移动笔记本、上网本、智能移动电话、普通移动电话等。访问移动 SNS 服务的方式也是多样化：通常 PC、移动笔记本利用 HTTP 上网；智能电话使用 HTTP 和 WAP 上网，也可以利用短信、彩信、视频电话通过移动通信网络访问移动 SNS 服务；普通手机通常只能通过 WAP 上网，同样可以利用短信通过移动通信网络访问移动 SNS 服务。

（2）移动 SNS 终端平台

移动 SNS 终端平台是为支持异构终端设备、异构网络、异构操作系统及充分使用终端能力和移动通信能力提出的支撑软件系统。PC、移动笔记本不使用中间软件平台，仅仅使用移动 SNS 提供的相关应用程序。普通手机由于不具有编程能力，只具有通过短信和 WAP 方式访问移动 SNS 服务，因此，既不支持中间软件平台，也不支持移动 SNS 提供的应用软件运行。这里的移动 SNS 客户端平台所有功能对智能移动电话都适用。下面介绍移动 SNS 终端平台。

中间件平台（Middleware）是部署在移动终端上的移动 SNS 应用运行环境，除了具备基本的浏览器（WAP，Web）功能外，还支持移动 Widget 的运行。根据移动终端、移动业务运营等相关特点，能够为运营移动 SNS 相关服务提供丰富的应用编程接口，既支持对移动终端能力（语音呼叫、短信、彩信、多媒体、终端属性等）、应用平台资源的访问（位置信息、鉴权计费等），也支持动态加载和调用第三方应用模块的能力。中间件平台为上层应用提供 Internet 应用引擎、网络能力、终端能力支撑服务。Internet 应用引擎管理移动 SNS 相关应用包括下载、安装/卸载、解析、运行及与终端用户的交互等。网络能力集成了移动网络通信能力，包括短信、彩信、语音呼叫、视频通话等，为上层应用提供统一的移动通信网络能力调用的统一接口。终端能力集成了终端本身提供的计算、存储及其他应用功能，为上层应用提供统一的终端能力调用接口。

支持移动 SNS 业务的相关应用，主要有多媒体上传、社会网络服务、数据备份、及时通信、位置服务和游戏等。这些应用需要部署到移动终端，完成移动相关功能。多媒体上传能够快速上传照片、视频到移动 SNS 服务器，同时能够下载观看好友照片以及播放视频和流媒体。社会网络服务是一个管理用户参加 SNS 服务站点的一个应用，能提供给用户访问不同 SNS 和第三方应用与好友和家人交流的功能，主要用来接收、访问、发送不同 SNS 站点好友信息。数据备份用于用户同步、备份移动 SNS 服务器的移动电话本数据。及时通信支持通过手机短信、彩信、移动互联与移动 SNS 好友实时交流。位置服务提供用户定位好友、定位自己、指路、地图显示等与位置相关功能。游戏主要是指能够在移动终端运行的移动互联网类游戏，这类游戏能够与移动 SNS 好友共同进行，同时调用移动 SNS 相关服务。

2.6.2 移动 SNS 服务运营商

移动 SNS 服务运营商是用户使用移动 SNS 服务的入口。目前，移动 SNS 服务的入口一般都是移动网络运营商，也就是说和图 2.14 中的移动网络运营商系统是紧密结合在一起的。但是随着现代信息服务的不断发展，用户资源未必一定被紧紧地绑在移动网络运营商的管道上，服务渠道和通信管道有逐渐分离的趋势，这样也为有实力的互联网服务提供商和终端设备制造商提供了进入到移动 SNS 运营价值链的机会。因此，在本书的方案中，我们把移动 SNS 服务运营商从移动网络运营商的域中分离出来，成为一个独立的域。移动 SNS 服务运营商的主要功能应当包括移动 SNS 融合门户和内容整合服务等。

（1）移动 SNS 融合门户

移动 SNS 融合门户是移动 SNS 服务运营商的基本核心功能，一方面，融合门户可以集中不同 SNS 的热点应用，以便于用户的访问和使用；另一方面，融合门户还可以进行用户信息的有效整合，便于用户信息的动态发布和数据分析，从而为精准营销提供基础。此外，融合门户还为传统的互联网 SNS 服务提供商提供使用移动能力的便利条件，并在一定程度上可以推动 SNS 服务逐渐走向“虚实结合”，支持“线上交友”“线下互动”等特色服务。

从用户视角看移动 SNS 融合门户的整体运营，用户可以使用移动终端，通过 WAP 或 Web 模式，使用融合门户的统一登录功能，一次登录而使用多个不同 SNS 服务商提供的应用；用户也可以通过融合门户的“应用超市”的平台，下载移动 SNS 终端应用软件（如手机 Widget），通过应用丰富的终端软件与移动 SNS 服务器交互，增强社交活动的功能。从 SNS 服务提供商视角看移动 SNS 融合门户的整体运营，服务商通过融合门户提供的开放业务平台，可以方便地部署、推广 SNS 应用，可以从多维度更加准确地了解用户需求，开发出吸引用户的新型应用；方便地建立与其他第三方应用或系统的交互模式，获取相关交互的接口。从第三方系统看，融合门户的移动 SNS 整体运营，为第三方系统提供移动 SNS 交友业务，提供社会关系网络，提供大量的用户信息数据。

（2）内容整合服务

移动 SNS 服务运营商通过 Mash-up 其他内容网站和移动 SNS 平台，未来可以提供增强型的服务。从用户视角看内容整合服务，用户不仅仅能够通过移动终端、固定终端进行交友业务，同时也能够获得更丰富的内容服务；用户访问方式同样可以通过 WAP 和 Web 两种方式；对于用户来说，并不能看到其进行的交友业务由一个移动 SNS 服务提供商提供，另外的内容服务由其他运营商提供，用户对其整合的移动 SNS 社会网络服务和其他内容服务是透明的。从服务提供者视角看内容整合服务，使用移动 SNS 服务提供商的社会网络数据与其他内容服务结合，产生新的内容整合服务；同时也可对其他交互系统提供相关接口和交互方法，使用其他系统提供的功能。从第三方系统视角看内容整合服务，为第三方系统提供开放其服务的机会，使其服务可以更好地融入整个移动 SNS 运营价值链，有获取更多商业利益的空间。

2.6.3 移动 SNS 服务端

移动 SNS 服务端是移动 SNS 的核心，提供移动 SNS 主要功能，包括移动 SNS 平台基本功能及根据上述需求分析得出的移动 SNS 应当提供的应用。

（1）移动 SNS 服务端平台

移动 SNS 服务端平台为移动 SNS 应用提供支撑，运行第三方开发的移动 SNS 应用，为第三方应用开放接口和提供移动通信相关能力。主要包括业务计费能力、网络接口、搜索、内容服务、系统管理平台和服务运行环境等基本服务。下面简要介绍各组成部分的功能。

业务计费能力为用户提供与移动运营商 BOSS 系统交互接口，用户可以在移动 SNS 或第三方站点消费，使用该功能计费；提供提取准备金、计费、报告等业务。网络接口集成移动运营商核心网络能力，为内容服务、移动通信服务、位置服务提供支撑。搜索为用户提供方便快捷的找到好友、发现需要内容服务。内容服务提供内容上传、下载、过滤、用户相册和内容生成规则管理；提供用户内容传输优化机制，包括图片、视频，根据终端能力适配。系统管理平台提供系统级配置管理、用户级配置管理、日常数据维护和数据备份等功能。服务运行环境能够支撑第三方按照移动 SNS 平台接口标准开发的应用提供运行环境，同时提供应用的管理功能。

（2）移动 SNS 应用

移动 SNS 应用是根据上述移动 SNS 需求设计的具体应用服务，包括个性化服务、好友管理、移动通信录、社区服务、第三方应用管理、移动通信服务和位置服务等。需要特别说明的是，这里的第三方应用管理指的是用户管理自己在移动 SNS 平台中选中的应用，主要指的是添加和删除应用；添加应用后，用户可以在自己的应用列表里看到相关应用，方便使用。删除后，从应用列表中移除，用户下次使用还需要添加到列表中。其他应用说明请参看 2.2 节。

2.6.4 移动网络运营商系统

移动网络运营商系统为移动 SNS 提供通信网络能力和运营支撑的计费服务。计费服务主要指用户信息、计费、报告等业务。通信网络能力主要指移动数据、短信、彩信、IPTV、语音、视频、位置等相关服务。对于网络能力，主要指各运营商提供的开放接口。下面主要介绍移动网络运营商的计费服务。

对于计费服务，运营商一般与 SP 间有三种合作模式：门户合作模式、代收费合作模式和产品合作模式。

（1）门户合作模式

门户合作模式是运营商通过自己建设的门户网站销售 SP 的内容和应用产品。在这种合作模式下，SP 向运营商门户提供内容和应用产品，由运营商通过其门户向用户销售并收取费用，每月汇总当月产生的支付数据，按照结算协议的规定与 SP 进行结算；门户合作业务包括按次收费、订购收费和离线支付。

（2）代收费合作模式

代收费合作模式是指运营商与 SP 合作，在用户购买 SP 服务时，为其提供代收费功能，费用记录在用户的运营商门户账号中，每月出账时，体现在对应的电信传统账号(如宽带接入账号)账单中，由运营商负责代 SP 向用户收取费用，每月汇总当月产生的支付数据，按照结算协议的规定与 SP 进行结算。与门户合作模式相比，代收费合作模式下运营商与 SP 关系较为松散；代收费业务包括按次代收费、连续代收费和捆绑代收费。

（3）产品合作模式

产品合作模式指运营商与 SP 共同开发销售产品。上述是对运营商对 SP 提供的计费服务，目前运营商大部分都有相关计费服务，如中国移动的 DO 模式、中国电信的互联星空等都是这种服务。

2.6.5 第三方服务

第三方服务是独立在移动 SNS 系统外，移动 SNS 使用第三方提供的成熟服务，如在线游戏、电子地图、电子商务等相关系统。

2.6.6 信息交互方式

（1）客户端与服务端的交互方式

客户端与服务端的交互方式有两种：一种是使用HTTP协议，上行和下行都使用HTTP协议，交互的数据格式为HTML格式；另外一种是使用WAP协议，在用户终端与WAP网关间使用WAP协议（上行下行相同），而后通过WAP网关将WAP协议转换成HTTP协议后上行（或者通过WAP网关将HTTP协议转换成WAP协议后下行），与移动SNS服务端交互。WAP网关提供HTML格式数据和WML格式数据间进行转换，也就是HTTP协议传输的数据格式为HTML，而WAP协议传输的数据格式为WML。

（2）第三方应用系统与移动SNS间的交换互式

第三方应用系统与移动SNS间交换方式可以有三种情况：组件，Web Service，Rest API。由于目前大多数系统采用组件方式和Rest API方式，本书的移动SNS系统也采用这两种方式与第三方应用系统交互。组件方式要求移动SNS提供一套远程调用的组件库，发布给使用移动SNS的第三方应用系统；移动SNS系统也可以通过远程调用第三方应用系统提供的组件；消息格式可以使用SOAP格式。Rest API方式只要求移动SNS提供开放API；消息格式为XML或者JSON数据。

（3）网络运营商系统与移动SNS间的交互方式

网络运营商与移动SNS间交换方式主要有两种：Parlay组件，Parlay Web Service。具体细节请参看电信领域业务提供技术。

3 移动 SNS 服务端技术

本章将集中介绍与移动 SNS 服务端相关的技术。首先，基于第 2 章的功能需求分析，提出了基于面向构件技术的移动 SNS 服务端的架构；其次，介绍了 SNS 服务端面向第三方应用的开放 API 的设计方法；最后，对于移动 SNS 这一结合了通信网和互联网的新型服务形式，专门讨论了异构网络业务的集成方法。

3.1 移动 SNS 服务端架构

移动 SNS 服务端架构是移动 SNS 系统架构的核心，图 3.1 中的虚线部分为移动 SNS 服务端。

移动 SNS 服务端位于用户、第三方应用服务和移动通信服务提供商的中心位置，其通过与上述三种角色间的交互完成社交服务。本章将详细介绍移动 SNS

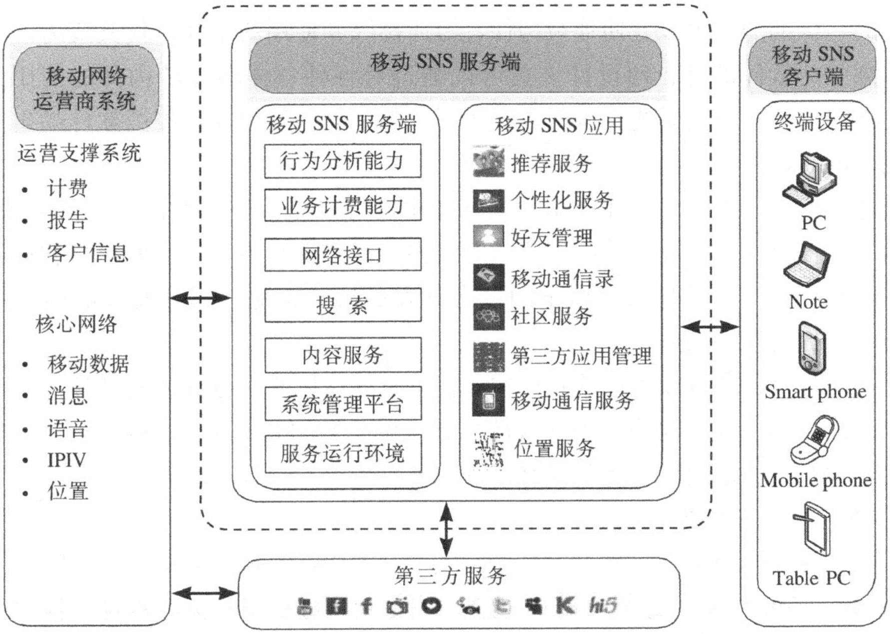

图 3.1 移动 SNS 系统功能模块结构

服务端提供服务的相关技术。

3.1.1 研究方法和思路

移动 SNS 服务和应用是基于分布式网络软件的形式实现，可以通过网络服务、移动通信服务和网站应用的形式提供给用户，而其用户既可以是人，也可以是另外的网络服务或者应用。移动 SNS 系统是处在异构网络融合、内容聚合基础上的社会网络服务系统，是移动通信应用和 Web 应用的融合应用。移动通信技术涉及短信、彩信、位置、视频、计费等相关技术；Web 技术包括 Web 2.0，Mobile 2.0 等众多关键技术。由于移动 SNS 服务的提供技术包含了众多的关键技术，所以研制过程中存在软件复杂度高、软件复用率低、系统结构灵活性受限、较难快速适应变化和系统之间的有机集成困难等问题。

本章引入面向构件技术，提出一种基于构件的移动 SNS 系统的设计方法，设计出一种基于构件的移动 SNS 系统体系结构，并给出系统的构件模型，有效地解决了以上问题，从而为移动 SNS 系统的构建提供了一种可行方案。

3.1.2 面向构件技术

软件构件技术以面向对象为基础，并很好地发展了面向对象技术。它的目的是将对象，包括用户界面、对外接口等属性以及对象的功能实现封装，形成一个规范的、标准的、可以方便地被构件容器所操纵和使用的整体，使其成为一个通用、高效的软件部件，使设计人员可以通过对各种各样的软件构件的使用，方便、快捷地生成应用系统，从而进一步提高软件的可复用性，提高软件的生产率和软件的质量。

通过软件构件技术，在应用系统开发中，可以充分地利用已有的开发成果，消除了包括分析、设计、编码、测试等在内的许多重复劳动，从而提高软件开发的效率。同时，通过复用高质量的已有开发成果，避免重新开发可能引入的错误，从而提高软件的质量。

近几年来，各行业领域的软件构件技术及其应用研究也成为构件技术的研究热点，并取得了许多成果。各领域信息系统的构建可以充分利用软件构件技术，从而达到开发的快速性和使系统有较好的鲁棒性与柔性等要求。

（1）构件基本概念

构件(Component)是指应用系统中可以明确辨识的构成成分。可复用构件(Reusable Component)是指具有相对独立的功能和可复用价值的构件。构件可以包括软件工作产品、软件子系统、源代码构件、构架、领域分析、设计、文档、个案分析、经验教训、研究成果以及有创见的软件工程思想与表述等。

软件构件的分类方法很多，根据构件的不同侧面，可以分为不同的种类。分析应用系统的本质，可以发现其中通常包含三类成分。

① 通用基本构件：特定于计算机系统的构成成分，如基本的数据结构、展现构件、逻辑构件、运算构件、基础服务等，它们可以存在于各种应用系统中。

② 领域共性构件：应用系统所属领域的共性构成成分，它们存在于该领域的各个应用系统中。在各行业领域中，这些构件具有极其重要的作用，所以领域共性构件的开发要站在全局的角度，必须统一规划，通盘考虑，联合建设，使其能够适应行业领域内各专业领域的需要。

③ 应用专用构件：每个应用系统的特有构成成分。应用系统开发主要在于前两类构成成分的重复开发。应用系统中具体业务功能属于应用专用构件的范畴。

（2） 面向构件技术的核心思想

面向构件技术的核心思想重点从建模本身发展到对软件生产的考虑，即构件可以在应用领域的软件生产中作为零件纳入新的体系中被重用。从软件的系统架构角度来说，应用专用构件和领域共性构件为架构的“竖割单元”，而通用基本构件则是其“横切单元”。

面向构件的软件架构由以下各种构件组成：

① 应用专用构件是完成特定业务功能的整体，符合最终用户和需求分析的“面向功能”特点的概念；

② 采用层次策略，用于通用基本构件和领域共性构件的分层，即展现构件、逻辑构件、运算构件、数据构件和领域共性构件；

③ 应用专有构件、通用基本构件和领域共性构件互相分离，应用专有构件是面向具体业务的自治单元，通用基本构件是面向技术的封装单位，领域共性构件是面向领域的共性业务的封装单元；

④ 应用专用构件提供具有业务意义的服务，通过组织通用基本构件和领域共性构件来实现。

由此可以看出，面向构件技术比较适合基于 Web 技术和移动通信能力相结合的复杂的移动 SNS 系统的开发建设。在下面的章节中，将介绍一种基于通用基本构件、领域共性构件、应用专有构件的移动 SNS 体系结构。

3.1.3 基于构件的移动 SNS 服务端设计

3.1.3.1 基于构件的移动 SNS 服务端设计

（1） 功能模块设计

所有应用系统的构建都是从业务需求开始的，最终目标是为了处理业务问题。根据第 2 章中对移动 SNS 平台的需求分析和图 3.1 中列举的移动 SNS 服务

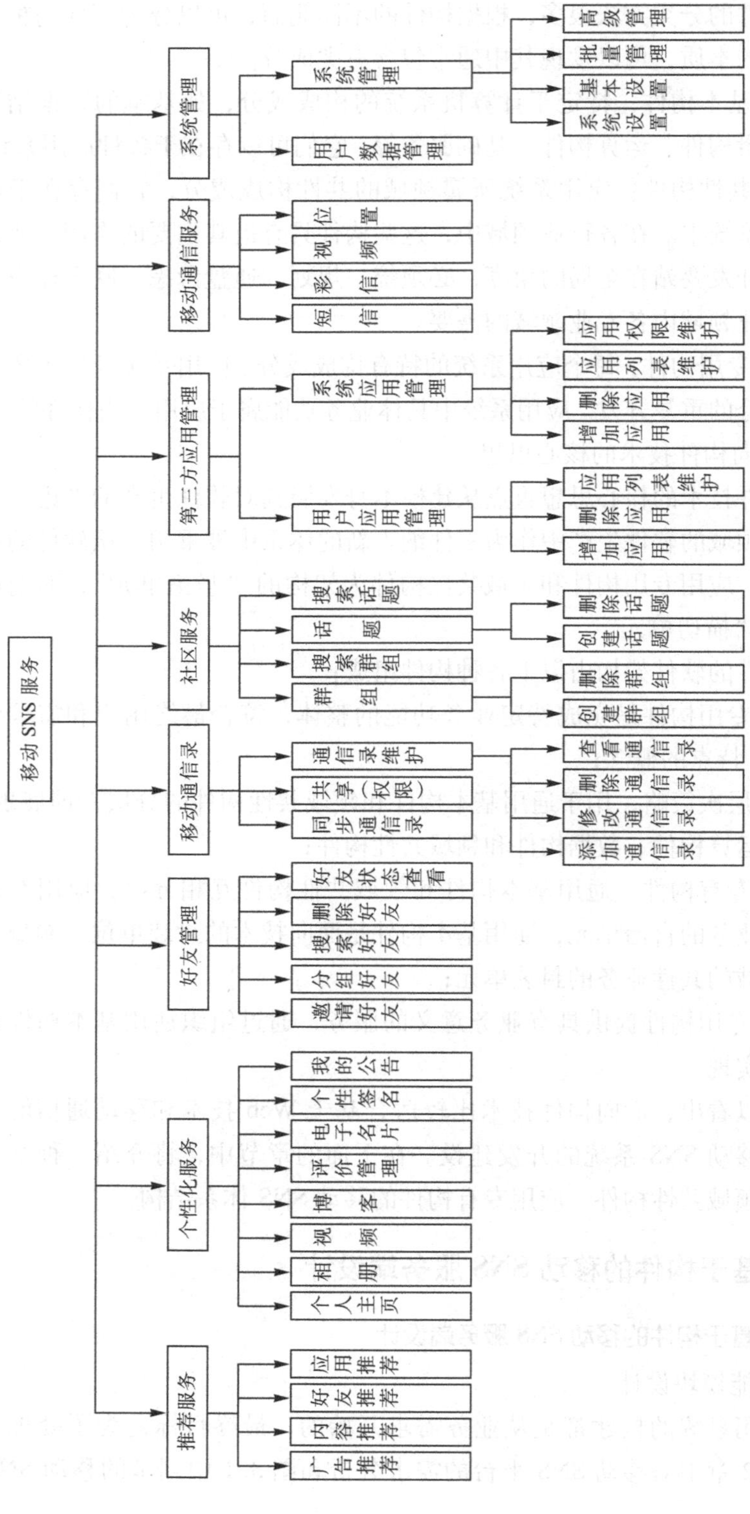

图 3.2 移动 SNS 服务端系统功能模块结构

端的有关功能，设计出服务端系统的功能模块结构，如图 3. 2 所示。

图 3. 2 是传统的应用软件系统划分方法，移动 SNS 服务端系统由若干子系统组成，而每个子系统又由若干个业务模块组成。可以根据实际情况考虑是否要将业务模块继续细分为业务子模块。比如，移动通信服务可以划分成短信服务、彩信服务、位置服务、视频服务子模块。其实，这样的拆分就是一个构件业务化分割的过程。而在基于面向构件开发的过程中，应用专用构件就对应着模块这个层次。因此，可以将上述各个功能模块映射成为相应的应用专用构件，然后确定应用专用构件需求，最后还要确定哪些构件是可复用的应用专用构件。应用专用构件描述并实现了某个相对独立的业务功能模块。例如，图 3. 2 中的“移动通信服务”就可以作为一个独立的业务功能模块，也适合以应用专用构件形式分割。

（2）移动 SNS 服务端的构件模型

在构建移动 SNS 服务端系统的体系结构后，就可以确立“横切竖割，构件编织”的构件模型架构。各个子系统的功能以业务构件的形式进行部署，这样，一个应用专用构件将通过各个层次的领域共性构件和通用基本构件的协作来完成移动 SNS 服务功能的运行，而各个层次的构件则由具体的构件环境和应用服务器进行解析执行。从这个角度看，应用专用构件是由不同层次上的构件组合而成的。由构件封装的移动 SNS 服务端系统构件模型如图 3. 3 所示。

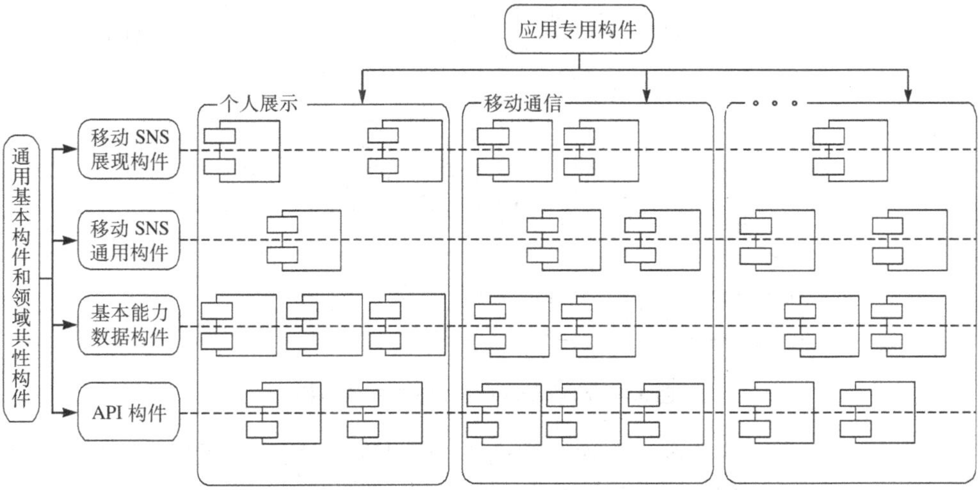

图 3. 3　移动 SNS 服务端系统构件模型

（3）移动 SNS 服务端的逻辑层次结构

分层的体系结构可以避免系统部件的耦合，实现了对功能的分割和保护，提高了开发的效率，可以降低系统的复杂性，增强系统的可扩展性、可复用性和可维护性，因此，适合变化复杂的移动 SNS 服务端系统。

根据移动 SNS 服务端的特点，采用面向构件方法的分层策略，设计了如图 3.4 所示的移动 SNS 服务端的逻辑层次结构。

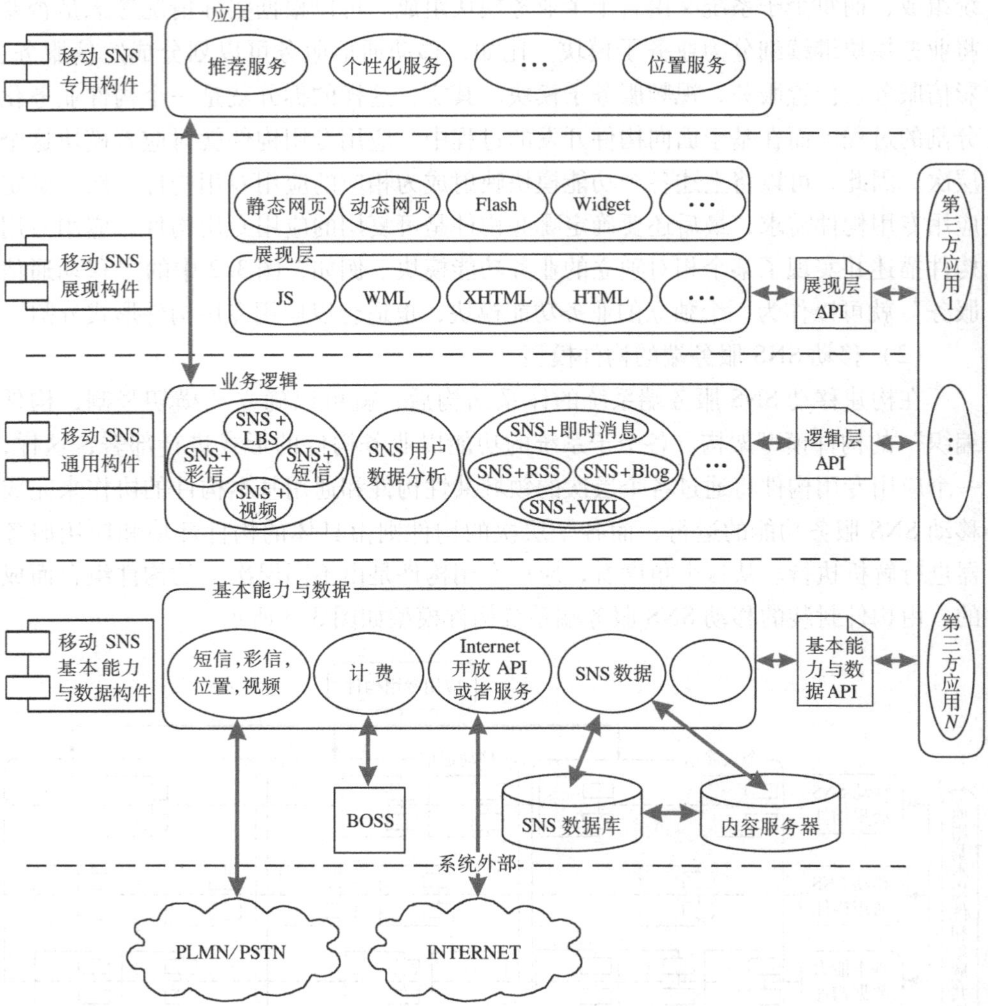

图 3.4　移动 SNS 服务端逻辑层次结构

移动 SNS 服务端的逻辑层次自顶向下分别是应用层、展现层、逻辑层、基本能力数据层和 API 数据交换。这些层次对应着各层构件。下面是各层构件的详细描述。

① 移动 SNS 应用专用构件：对应不同移动 SNS 系统的特色应用，属于移动 SNS 应用专用构件范畴。能够完成移动 SNS 具体业务功能。本书所提系统的应用专用构件包括推荐服务、个性化服务、好友管理、移动通信录、社区服务、第三方应用管理、移动通信服务和位置服务等。

② 移动 SNS 展现构件：对应着展现层。负责系统的界面表现，负责控制页面的流转和对业务服务的调用，并控制页面和业务服务之间的数据传递。

③ 移动 SNS 通用构件：对应着逻辑层。对移动 SNS 的属性和功能进行逻辑控制，体现移动 SNS 的业务规则；提供对移动 SNS 数据、移动通信功能、计费和 Internet 服务各项处理，满足移动 SNS 的功能需求；确保对移动 SNS 业务和移动 SNS 信息展现的有效性与合理性。

"SNS + LBS" 是将 SNS 与移动通信中的位置服务结合，生成高级的、能够实现移动 SNS 运营商为用户提供位置服务相关的交友业务和应用业务。其在系统架构和开发中表现很简单，只要调用底层基本能力封装的移动运营商提供的位置服务、第三方提供的地图展示接口，即可形成定制的位置相关的服务流程。

"SNS + 彩信" 是将 SNS 与移动通信中的彩信服务结合，生成高级的、能够完成移动 SNS 运营商为用户提供彩信服务相关的交友业务和应用业务。其在系统架构和开发中表现很简单，只要调用底层基本能力封装的移动运营商提供的彩信服务接口即可。

"SNS + 短信" 是将 SNS 与移动通信中的短信服务结合，生成高级的、能够完成移动 SNS 运营商为用户提供短信服务相关的交友业务和应用业务。其在系统架构和开发中表现很简单，并且目前短信，务平台非常多，没有什么特色而言。

"SNS + 视频" 是将 SNS 与移动通信中的视频服务结合，生成高级的、能够完成移动 SNS 运营商为用户提供视频服务相关的交友业务和应用业务。其在系统架构和开发中表现相对复杂，其中点对点的服务类似于视频通话业务，点对多点的服务类似于多媒体会议业务，其应用对移动通信网络带宽和质量要求较高，目前尚不宜作为主打应用推广。

SNS 与其他互联网上已有的服务结合，如即时消息(QQ 与 MSN 等)，RSS，Blog 和 VIKI。这些应用通过调用第三方开放的接口和 SNS 中的关系数据为上层提供支持。

SNS 用户数据分析是用来汇总和分析注册用户的个人数据、交友网络数据、生成内容数据(如发帖和照片等)和行为数据(如上下线时间、在线时长等)等应用移动 SNS 服务过程中所产生的各类数据，其分析结果可在服务端为客户提供更精准化、个性化的服务时提供参考。具体内容可参见 5.2 节。

④ 移动 SNS 基本能力与数据构件：对应着基本能力和数据层。为各项移动 SNS 应用提供基本能力和数据服务，它包括数据库、短信、彩信、位置、视频、计费和 Internet 开放服务等。可以根据实际情况，在其中增减各层次的构件，并提供对关系和多维数据库的支持。通过基本能力与数据层，能够成功地收集、管

理移动 SNS 基本数据信息和获取移动通信服务能力。

⑤ 各层次开放 API 构件：对应着基本能力与数据层、逻辑层、展现层，对于不同外部应用的需求级别给予不同层次的开放能力。鉴于移动 SNS 系统和其他交互的外部系统的结构环境的差异，因此，它面临的是一个物理上分散、异质异源的环境。在这样一种异构环境中，如果没有统一的、接口良好的、包容性很强的信息集成和处理技术来为不同系统提供数据服务和业务逻辑计算服务，移动 SNS 服务端系统就很难做到真正的一体化，因此，必须解决异构环境中的数据交换和功能利用问题。API 构件将异构数据的组织形式转换成统一的数据形式，解决系统的信息集成问题；同时将异构系统间的消息交互和功能互用转换成统一的调用格式，方便系统间交互。

（4）移动 SNS 服务端软件架构

根据移动 SNS 服务端功能模块划分和逻辑层次结构的定义，设计出适合异构网络应用的移动 SNS 服务端软件架构，如图 3.5 所示。

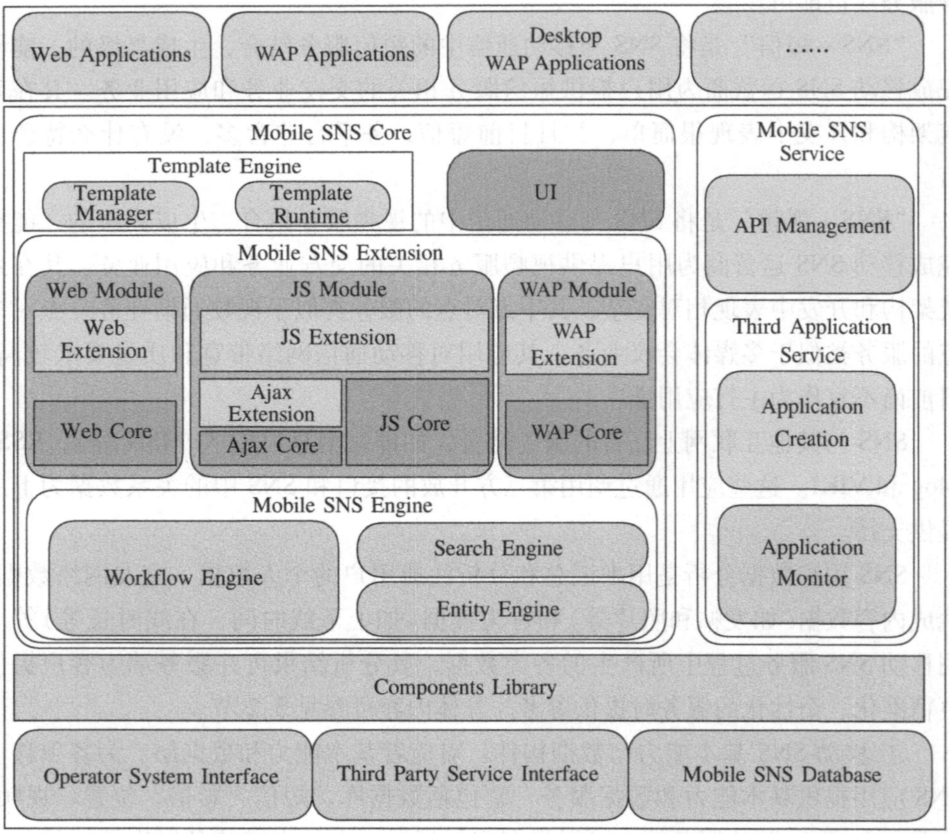

图 3.5 移动 SNS 服务端软件架构

移动 SNS 服务端软件架构由移动 SNS 核心模块(Mobile SNS Core)和移动 SNS 服务模块(Mobile SNS Services)组成。移动 SNS 核心模块为移动 SNS 运营平台的搭建提供技术支持，移动 SNS 服务模块为开发、执行第三方应用提供技术支持。

移动 SNS 核心模块由模板引擎(Template Engine)和移动 SNS 扩展模块组成。模板引擎提供了定制模板的运行环境，其中模板管理(Template Manager)模块定义模板、维护模板，模板运行(Template Runtime)负责解析与展现模板。模板引擎采用模板代码分离技术，将网站管理功能、模板制作和前台程序模块三层分离，实现了日常网站管理的易用性、模板定制的任意性、程序模块的独立性等三项满足个性化网站开发的需求。移动 SNS 扩展模块包括 WAP，Web 浏览器的扩展功能和一些完成移动 SNS 业务的引擎。Web Extension 是 Web 核心模块的扩展，提供一些通用的标记语言，为第三方开发应用提供统一规范。Ajax Extension 是 Ajax 核心功能的扩展，绑定一些移动 SNS 功能的动态页面应用。JS Extension 是 JS 脚本的扩展，为开发者提供通用的 JS 函数和标准。JS 通过调用扩展的 Ajax 模块功能实现用户的异步数据获取。WAP Extension 是 WAP 核心的扩展，定义支持 WML 的通用的标记语言，为开发者提供统一的 WML 开发规范。移动 SNS 引擎(Mobile SNS Engine)由工作流引擎(Workflow Engine)、搜索引擎(Search Engine)和实体引擎(Entity Engine)组成。工作流引擎负责解析、执行工作流，搜索引擎负责文本、图片、内容、数据等在移动 SNS 系统内搜索，实体引擎负责数据库定义、数据查询、数据维护。

移动 SNS 服务为第三方应用开发提供开放 API 管理(API Management)和第三方应用服务(Third Application Service)。第三方应用服务主要提供了应用定义(Application Creation)和应用监管(Application Monitor)。应用定义负责第三方应用的定义，提交移动 SNS 工作流系统执行，应用监管负责监督、管理第三方应用的执行。

3.1.3.2 构件粒度设计

(1) 构件粒度

构件粒度可以分为粗粒度、中等粒度、细粒度。对于粗粒度构件来讲，往往含有非常复杂的业务逻辑；中等粒度构件是由细粒度构件组成的，其中含有一些不复杂却特殊的业务逻辑；细粒度构件往往是有一些 RAD 工具提供的，它具有很清晰的逻辑结构。在移动 SNS 服务端系统的设计中，粗粒度构件主要指应用专有构件，中等粒度构件主要指领域共性构件，细粒度构件指通用基本构件。

(2) 构件粒度模型

为了识别出构件的类型(通用基本构件、领域共性构件、应用专有构件)，有必要通过定量公式计算业务构件的粒度，以保证得出合理的构件设计结果。构件粒度计算离不开业务用例。业务用例的内部实现流程通常采用活动图描述，经验表明，过程构件粒度随着活动图中的分支数和活动数这两个因素而线性增加。相关文献提出构件粒度计算公式为

$$\text{Granularity}(PC) = \sum_{u \in PC} [\alpha \times \text{Branch}(u)^2 + \beta \times \text{Activity}(u)]$$

其中，PC 为某过程构件，Granularity 为该构件的粒度，u 为过程构件 PC 所聚集的某一用例，Branch(u)为该用例的活动图中的分支数，Activity(u)为该用例的活动图中的活动数，α 为分支数所占的权重比例，β 为活动数所占的权重比例，$\alpha + \beta = 1$。

对于一般的业务用例，可以认为合理的 $\alpha = 0.6$，$\beta = 0.4$；但是，对于某些分支条件很多(大于 7)的业务用例，可将 α 值提高为 0.7，β 值降低为 0.3，以更好地反映实际特征。在移动 SNS 服务端系统中，通用基本构件将 α 调整为 0，领域共性构件和应用专有构件按照上述公式适当调整 α 和 β 参数。

鉴于上述公式量化粒度还比较粗糙，还不能很好地反映运行时业务构件的粒度，在其基础上，还可继续扩展其计算方法，即

$$\text{Branch}(u) = u_s + u_l + u_c + u_p$$

其中，

$$u_s = \sum_{i=1}^{n} \text{Activity}(u_i)$$

$$u_l = r\text{Activity}(u)$$

$$u_c = \sum_{i=1}^{m} c_i \text{Activity}(u_i)$$

$$u_p = \sum_{i=1}^{n} \text{Activity}(u_i)$$

分别代表串行结构、循环结构、选择结构、并行结构中的活动数，r 为经过评估后循环执行的次数，c_i为选择分支中的可能概率。这样，构件粒度计算公式可改写为

$$\text{Granularity}(PC) = (\alpha u_s + \beta u_l + \chi u_c + \delta u_p) \times (w_1, w_2, \cdots, w_{\text{total}})^{\mathrm{T}}$$

其中，$(w_1, w_2, \cdots, w_{\text{total}})^{\mathrm{T}}$是用例中每个活动的权值，并且 $\alpha + \beta + \chi + \delta = 1$。设计构件时，可以适当地调整 α，β，χ，δ 权值，从而体现构件的粒度值。

3.1.3.3 通用基本构件

(1) 通用基本构件结构

通用基本构件结构如图 3.6 所示。程序代码完成通用基本构件的功能，业务支撑数据是功能代码需要的参数或业务数据。

① 入口：构件响应事件或者其他构件调用的唯一入口，每个构件有且仅有

一个逻辑入口，是构件运行的唯一起点。

② 出口：构件运行的结束，构件由多个逻辑出口组成，描述了此构件运行期间可能出现的结果和状态。除了固有出口，用户可以定义出口。两个构件相连是通过前一构件的出口指向后一构件的入口，因此，前一构件的出口在后一构件被看做入口事件。

每个构件都有两个固定出口，SUCCESS 出口和 ERROR 出口，分别表示构件执行的成功和出错。

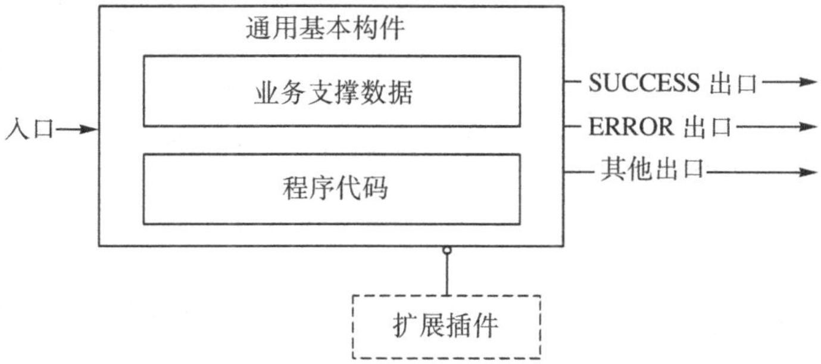

图 3.6　通用基本构件的结构

(2) 通用基本构件描述

通用基本构件描述文件完整地描述构件的基本信息、实现功能和参数。通用基本构件描述用 BNF 范式表述如下：

<通用基本构件>:: = <构件基本信息、构件功能、业务支撑数据、入口定义、出口定义>

① 构件基本信息：包括构件标识、名称、提供者、版本、入库日期等。

② 构件功能：描述构件的功能，功能术语应当从较高层次上体现构件用途。

③ 业务支撑数据：描述了支撑数据的名称、类型，具体数据内容在调用构件时得到。

④ 入口定义：入口的描述标明了构件可接受的驱动事件的类型，由于构件的扩展插件也是由同样的事件驱动的，因此，此处实际上也描述了此类构件的扩展插件可接受的事件。

⑤ 出口定义：描述构件的所有固定出口，包括出口名称和出口说明，名称是该出口在业务开发和运行阶段的唯一表示；说明用于描述出口的含义。

(3) 通用基本构件列表

按照上述通用基本构件的结构和定义，下面列出移动 SNS 服务端系统中可能的通用基本构件。

① 移动通信能力相关构件(表3.1)。

表3.1　　移动通信能力相关构件

名　称	功　能	类　别
SMS	发送短信、短消息通知、接收短信	通信能力类
SendWAPPUSH	下发 WAP PUSH	通信能力类
SendMessage ReceiveMessage MessageNotification	多媒体消息 Multimedia Messaging 提供了发送和接收多媒体消息的能力	彩　信
ThirdPartyCall	第三方呼叫 Third Party Call，可由第三方发起呼叫，对由第三方发起的呼叫进行管理	通信能力类
CallDirection CallNotification	呼叫通知 Call Notification 提供了一个设置、判定和结束呼叫状态的能力	通信能力类
AmountCharging VolumeCharging ReserveAmountCharging ReserveVolumeCharging	支付 Payment 提供小额支付类业务能力	计费类
AccountManagement	账户管理 Account Management 提供了对目前支持的账户查询、直接充值和凭证充值能力	计费类
TerminalStatus TerminalStatusNotificationManager TerminalNotification	终端状态 Terminal Status 查询用户终端状态的能力	通信能力类
TerminalLocation TerminalLocationNotificationManager TerminalLocationNotification	终端位置 Terminal Location 查询定位用户终端位置的能力	通信能力类
CallHandling	呼叫控制 Call Handling 通过规则对呼叫进行控制的能力	通信能力类
PlayAudio	音频呼叫 Audio Call 提供传递音频信息的能力	通信能力类
MultimediaConference	多媒体会议 Multimedia Conference 提供发起、控制、结束多媒体会议的能力	通信能力类
GroupManagement GroupMember	地址列表管理 Address List Management 向用户提供创建和管理群组地址的能力	通信能力类
PresenceConsumer PresenceNotification PresenceSupplier	呈现 Presence 向用户提供订阅、通知、发布呈现信息的能力	通信能力类

② 移动SNS数据相关构件(表3.2)。

表3.2 移动SNS数据相关构件

名称	功能	字段	类别
Db_ user	用户数据	用户ID、用户名称、年龄、电话、工作单位、学历、地址、E-mail、MSN、QQ	数据
Db_ advertisement	广告数据	广告ID、广告标题、广告页面位置、广告代码、广告类型	数据
Db_ adminsession	用户管理session数据	管理员ID、管理员登录IP、管理员登录时间戳、管理员错误登录次数	数据
Db_ Authorization	用户权限	权限ID、权限名称、用户ID	数据
Db_ allocation	分配限制	应用ID、限制类型(通知、电子邮件、请求)、限制时间段（天、周、月）	数据
Db_ metrics	应用信息	指标、数量、开始时间、结束时间	数据
Db_ RestrictionInfo	应用限制	应用ID、限制类型(用户、地区)、限制对象ID	数据
Db_ album	相册	相册ID、相册名字、相册用户ID、相册用户名、相册建立时间戳、相册最后修改时间戳、相册照片数量、相册封面照片、相册是否有图片、相册隐私设置、相册密码	数据
Db_ blacklist	黑名单	用户ID、被屏蔽的用户ID、被屏蔽的时间戳	数据
Db_ block	数据调用模块	数据调用模块ID、数据调用模块名、数据调用模块SQL语句、模块缓存名、数据调用模块缓存时间、数据调用开始数、只获取满足条件的前多少条数据、当全部获取时每页显示多少条、数据显示HTML代码	数据
Db_ docomment	记录及记录回复	记录树状项ID、记录树状回复上一级ID、记录ID、发布者用户ID、发布者用户名、发布时间戳、回复或者记录内容、发布IP、树状节点级别	数据
Db_ blog	用户日志	日志ID、日志所属用户ID、日志所属用户名、日志标题、日志类别ID、日志查看数、日志回复数、日志被踩数、日志产生时间戳、相册标题图片、日志是否有图片、是否允许评论、日志隐私设置、日志密码	数据
Db_ comment	评论回复留言信息	评论ID、用户ID、用户ID或者日志ID、或者图片ID、或者分享ID，评论类型，若为回复，回复作者用户ID；若为评论，回复作者用户名、评论IP、评论时间戳、评论内容	数据
Db_ config	站点配置信息	配置变量、配置变量值	数据

续表 3.2

名　称	功　能	字　段	类别
Db_cron	计划任务	计划任务 ID、计划任务有效性、计划任务类型、计划任务名字、计划任务脚本名、最后运行时间、下次运行时间、计划任务一周哪几天运行、计划任务一个月哪几天运行、计划任务哪些小时运行、计划任务哪些分钟运行	数据
Db_doing	用户记录信息	记录 ID、记录用户 ID、记录的用户名、记录的发表来源、记录的发表时间戳、记录的内容、记录的发表 IP、记录回复数、迷你博客的心情	数据
Db_feed	feed 信息	feed 的 ID、应用程序 ID、feed 图标、产生 feed 的用户 ID、产生 feed 的用户名、feed 产生时间戳、产生 feed 信息的隐私设置、模板 hash、数据内容 hash、feed 模板标题、feed 数据标题、feed 内容模板、feed 数据内容、用户填写的信息、feed 图片、feed 图片连接	数据
Db_friend	好友信息	用户 ID、用户好友 ID、用户好友名、用户好友关系状态、好友所在的好友组 ID、好友描述、好友之间的活动关系数、加好友的时间戳	数据
Db_invit	好友邀请信息	邀请 ID、发邀请的用户 ID、邀请码、邀请注册的用户 ID、邀请注册的用户名、邀请类型、邀请的 E-mail、邀请的应用 ID	数据
Db_mailcron	邮件任务	接收邮件的用户 ID、接受邮件的 E-mail、发送邮件的时间	数据
Db_mtaginvite	群组邀请信息	用户 ID、群组 ID、发邀请的用户 ID、发邀请的用户名、发邀请的时间戳	数据
Db_mtag	群组信息	群组 ID、群组名字、群组栏目 ID、群组成员数、是否关闭、群组公告、群组图片、群组关闭加入申请、群组加入权限、群组浏览的权限、群组群主	数据
Db_notification	用户通知	通知 ID，通知用户 ID，通知类型：'doing'记录、'friend'好友请求、'sharenotice'好友分享、'post'话题回复，通知是否为新：'1'为新通知、'0'为通知已读，作者用户 ID，用户名，通知内容，通知产生的时间戳	数据
Db_pic	用户图片	图片 ID、图片所属相册 ID、图片所属用户 ID、图片上传时间戳、图片上传 IP、图片文件名、图片标题、图片类型、图片大小、图片路径、是否有缩略图、是否有远程图片	数据

续表3.2

名　称	功　能	字　段	类别
Db_poke	用户打招呼信息	接招呼的用户ID、打招呼的用户ID、打招呼的用户名、打招呼的内容、打招呼的时间戳、打招呼的图标	数据
Db_post	话题和话题回复	话题或回复ID、话题或回复所属群组ID、回复所属话题的ID、话题或回复发起用户ID、话题或回复发起用户名、话题或回复发起IP、话题发起时间戳、话题或回复内容、话题或回复图片、是否话题	数据
Db_profield	群组栏目的设置信息	群组栏目ID、群组栏目名称、群组栏目介绍、表单类型、选项可回答的个数、列表框的可选值、群组的最少人数、是否手工指定群组群主、是否手工指定群组成员、显示顺序	数据
Db_profilefield	用户栏目设置信息	用户栏目ID、用户栏目内容、栏目简单介绍、表单类型、可填写的最多字符、是否必填、资料页面隐藏、允许搜索、列表框的可选值、显示顺序	数据
Db_report	用户举报	举报信息ID、被举报的信息ID、被举报信息的类型、是否新举报、被举报信息的类型、信息被举报的次数、被举报的时间、信息被举报的原因、举报此信息的用户ID可以为多个	数据
Db_share	用户分享信息	分享ID、分型类型、用户ID、用户名、分享的时间戳、分享数据hash、分享的标题模板、分享的内容模板、分享的内容数据、分享说明、分享的图片、分享图片链接	数据
Db_space	用户个人空间积分好友数等信息	用户ID、用户组ID、用户积分、用户名、姓名、姓名状态、个人空间的域名、空间查看数、新通知数、好友数量、空间开通时间戳、最后更新时间戳、最后搜索时间戳、最后发起话题时间戳、最后登录时间戳、最后邮件发送时间戳、附件大小、附加空间大小、用户删除保护状态、是否上传过头像、最后登录IP、空间显示的心情	数据
Db_spacefield	个人空间主题，个人策略等附加信息	用户ID、性别、用户E-mail、E-mail是否通过验证、用户QQ、用户MSN、用户生日年、用户生气月、用户生日日、用户血型、婚姻状态、用户出生省、用户出生城市、居住地省、居住地市、最新个人记录、最新个人状态、用户忘记密码时的效验字符串、空间主题、是否屏蔽其他人风格、个人空间CSS、个人策略数据、空间展示的好友、接受feed的好友、发送邮件设置、空间左边菜单项数	数据

续表 3.2

名　称	功　能	字　段	类别
Db_tag	tag 信息	tag 的 ID、tag 名、tag 创建者、tag 创建时间戳、引用这个 tag 的日志数、tag 是否被锁定	数据
Db_task	活动信息	活动 ID、活动是否可用、活动名、活动说明、活动参与数、活动图片、活动文件名、互动开始时间、活动结束时间、如果活动循环，下次的时间、奖励多少积分、活动显示顺序、活动最大参与数	数据
Db_thread	群组话题标题	话题 ID、话题所属群组 ID、话题标题、话题发表用户 ID、话题发表用户名、话题发表时间戳、话题查看数、话题回复数、最后编辑时间戳、最后编辑用户名、最后编辑用户 ID、话题显示顺序、是否精华话题	数据
Db_userapp	应用信息	应用 ID、应用名、使用应用的用户 ID、应用是否公开、是否在开始菜单中显示、是否允许应用产生 feed、是否允许在首页显示连接、是否在个人空间左边显示、应用连接、MYML 格式的首页显示信息的显示顺序	数据
Db_usergroup	用户组权限设置信息	用户组 ID、用户组标题、最多好友数、最大附件数、是否允许 HTML、是否允许评论、两次搜索时间间隔、两次发布评论或话题等操作间隔、是否允许发表日志、是否允许发表个人博客、是否允许上传文件、是否允许分享、是否允许发表话题、是否允许回复话题、是否允许发自定义 CSS、是否允许打招呼、是否允许加好友、是否允许踩日志、是否允许使用群组、编辑话题附加编辑记录、允许的域名最短长度、忽略站点关闭和 IP 屏蔽、是否需要填写验证码、用户组的颜色、用户组的图标、是否有站点配置权限、是否有随便设置权限、是否有用户栏目配置权限、是否有群组管理权限、是否有用户组管理权限、是否有事件管理权限、是否有分享管理权限、是否有记录管理权限、是否有日志管理权限、是否有 tag 管理权限、是否有标签模板权限、是否有相册管理权限、是否有评论管理权限、是否有群组管理权限、是否有话题管理权限、是否有用户管理权限、是否有词语过滤管理权限、是否有广告管理权限、是否有数据备份权限、是否有模块数据调用权限、是否有模板管理权限、是否有统计更新权限、是否有缓存管理权限、是否有积分管理权限、是否有计划任务管理权限、是否有实名管理权限、是否有 UC 产品设置权限、是否有计划任务管理权限、是否有举报管理权限、是否有管理全局动态的权限	数据
Db_userlog	用户更新	用户 ID、用户行为、行为产生时间戳	数据

续表 3.2

名　称	功　能	字　段	类别
Db_usertask	用户任务	完成任务的用户 ID、完成任务的用户名、任务 ID、完成任务赠送的积分、完成任务的时间、是否忽略这个任务	数据
Db_visitor	访客信息	用户 ID、被访问用户 ID、被访问用户名、访问时间戳	数据
Db_SMS	短信信息	短信 ID、from_user、to_user、内容、时间	数据
Db_MMS	彩信信息	彩信 ID、from_user、to_user、内容、链接、图片、音频、视频、时间	数据

③ 开放 API 相关构件。JavaScript API 部分描述了最为常用的调用接口；RESTful APIs 描述了服务器到服务器端的接口。表 3.3 列出 REST API 和 JSAPI 相关构件。

表 3.3　REST API 和 JSAPI 相关构件表

名　称	功　能	类　别
auth	权限	REST API
admin	应用管理	REST API
feed	Feed	REST API
friends	朋友	REST API
groups	群组	REST API
notifications	通知	REST API
users	用户信息	REST API
Prefs	用于获取用户首选项	JSAPI
io	提供远程内容检索功能	JSAPI
json	提供在对象和 JSON 之间相互转换的操作	JSAPI
util	提供通用的实用工具功能	JSAPI
MiniMessage	用于创建小工具内要显示给用户的消息	JSAPI
Tab	小工具的 Tab 类	JSAPI
TabSet	帮助小工具创建标签的类	JSAPI

3.1.3.4　领域共性构件和应用专有构件

(1) 构件结构

领域共性构件和应用专有构件都是其他子构件(通用基本构件、领域共性构件、应用专有构件)的合成构件；两者的区分主要在于其完成业务功能的不同。领域共性构件和应用专有构件的结构如图 3.7 所示。这类业务构件由多个子构件共同完成一定的业务功能，即子构件的组合就是复合构件的功能；业务支撑数据是所有子构件的业务支撑数据的集合。

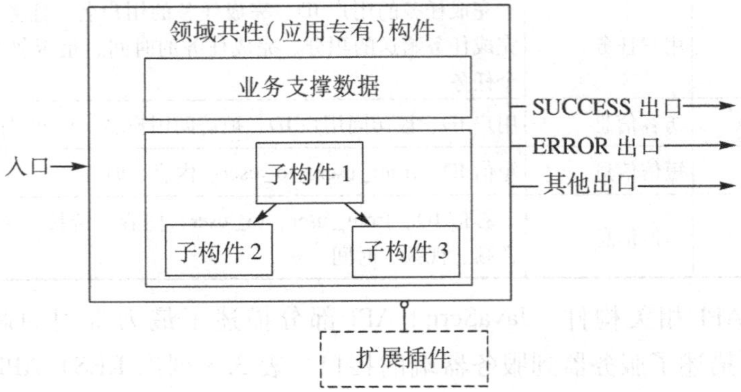

图 3.7　通用基本构件的结构

(2) 领域共性(应用专有)构件描述

领域共性(应用专有)构件描述文件完整地描述构件的基本信息、实现功能和参数。领域共性(应用专有)构件描述用 BNF 范式表述如下。

<领域共性(应用专有)>:: = <构件基本信息、子构件列表、业务支撑数据、入口定义、出口定义>

由于除“子构件列表”外，其他说明与上述通用基本构件描述相同，所以这里仅仅说明“子构件列表”项。

(3) 领域共性构件列表(表 3.4)

表 3.4　领域共性构件列表

名　称	功　能	类　别
group	群组相关	
friend	朋友相关	
User information	用户信息相关	

(4) 应用专有构件列表(表 3.5)

表 3.5　应用专有构件列表

名　称	功　能	类　别
LBS	位置服务	
SMS	短信服务	
MMS	彩信服务	
Other	其他特殊应用	

3.2 面向第三方应用的开放 API

3.2.1 开放 API 的提供方法

第三方开发移动 SNS 应用使用移动 SNS 服务端相关功能，通常有远程调用和本地调用开放 API 两种方式。远程调用包括远程过程调用(RPC)和远程接口调用(RMI)，这两种调用方法需要移动 SNS 服务端提供类库，这里不作介绍。开放 API 包括 REST API 和 Web Service 两种，移动 SNS 服务端可以使用其进行相关业务开放。

REST(Representational State Transfer)是一种针对网络应用的设计和开发方式，可以降低开发的复杂性，提高系统的可伸缩性。REST 提出了如下设计概念和准则：

① 网络上的所有事物都被抽象为资源(Resource)；

② 每个资源对应一个唯一的资源标识（Resource Identifier)；

③ 通过通用的连接器接口(Generic Connector Interface)对资源进行操作；

④ 对资源的各种操作不会改变资源标识；

⑤ 所有的操作都是无状态的(Stateless)。

它的设计目标就是简单性和扩展性，这有助于大量异构程序和平台之间的互操作性，从而使存在的应用程序能够被广泛的用户访问，并支持 SNS 服务系统开放各种接口，尤其是向开发各种应用的第三方提供各种类型接口。

Web Service 主要是为了使原来各孤立的站点之间的信息能够相互通信、共享而提出的一种接口。Web Service 使用的是 Internet 上统一、开放的标准，如 HTTP，XML，SOAP 和 WSDL 等，因此，Web Service 可以在任何支持这些标准的环境(Windows，Linux)中使用。SOAP 协议(Simple Object Access Protocol，简单对象访问协议)是一个用于分散和分布式环境下的网络信息交换的基于 XML 的通信协议。在此协议下，软件组件或应用程序能够通过标准的 HTTP 协议进行通讯。它的设计目标就是简单性和扩展性，这有助于 SNS 系统中大量异构程序和平台之间的互操作性，从而使存在的 SNS 应用程序能够被广泛的用户访问。此外，对于开放的 SNS 应用开发而言，开发者可能基于不同平台进行开发，Web Service 确保了各种应用在 SNS 上面良好的兼容性。

3.2.2 开放 API 的定义

本书把开放 API 分为实用工具类 API 和数据功能类 API。把完成一定的通用功能，没有涉及数据查询、存储的 API 归类为实用工具类 API；把完成一定功能，并且涉及数据查询、存储的 API 归类为数据功能类 API。实用工具类 API 大致包括 io，util，MiniMessage，Tab，Tabset 等完成一些通用功能与数据无关的实用程序类；其功能扩展可能性比较大，针对业务需要抽象出的通用的实用程序也就比较多。数据功能类 API 大致包括权限、管理、feed、朋友、群组、通知、用户等基本功能，基本涵盖基础的移动 SNS 应用范围；其可能扩展为新业务形式的增加，需要增加新的表结构，同时需要增加新的开放 API。对于上述两类的开放 API 只有数据功能类中部分 API 会涉及数据表，并且每个表对应一个基本数据构件，但本书提出的涉及的数据功能类 API 并不是将所有的基本数据构件中的方法和数据共享，而是仅仅将涉及的开放数据通过 API 读取，比如 auth. getSession ( )仅仅返回用户的 SessionId。

表 3. 6 是根据一些已有的 SNS 系统整理出来的开放 API 列表。

表 3. 6　　开放 API 列表

名　称	功　能	类　别	对应数据表
auth. createToken( )	创建一个令牌	权限功能	Db_ adminsession
auth. getSession( )	得到临时回话	权限功能	
auth. expireSession( )	使 Session 无效	权限功能	
auth. revokeAuthorization( )	撤销权限	权限功能	Db_ Authorization
admin. getallocation( )	得到用户的相关限制，通知数量、邮件数量等	管理功能	Db_ allocation
admin. getMetrics( )	应用性能指标	管理功能	Db_ metrics
admin. getAPPProperties( )	应用相关的属性	管理功能	Db_ userapp
admin. setAPPProperties( )	设置应用属性	管理功能	
admin. getRestrictionInfo( )	应用限制的统计信息	管理功能	Db_ RestrictionInfo
admin. setRestrictionInfo( )	设置应用的限制信息	管理功能	
feed. deactivateTemplateBundleByID	绑定模板	Feed 功能	Db_ feed
feed. publishUserAction( )	向用户列表发送消息	Feed 功能	
feed. registerTemplateBundle( )	注册一个模板	Feed 功能	
feed. getRegisteredTemplateBundles( )	检索应用注册的模板列表	Feed 功能	
friends. areFriends( )	是否朋友关系	朋友功能	Db_ friend
friends. get( )	当前用户的朋友	朋友功能	
friends. getAPPUsers( )	当前应用用户的朋友	朋友功能	
friends. getLists( )	当前用户创建的朋友列表	朋友功能	

续表 3.6

名　称	功　能	类　别	对应数据表
groups. get( )	根据筛选条件返回群组	群组功能	Db_ usergroup
groups. getMembers( )	指定群组的成员列表	群组功能	
notifications. get( )	得到当前用户的通知	通知功能	Db_ notification
notifications. send( )	发送消息	通知功能	
notifications. sendEmail( )	向指定的应用用户发送电子邮件	通知功能	
users. getInfo( )	给定用户相关信息	用户功能	Db_ user
users. getLoggedInUser( )	当前 Session 对应的用户	用户功能	Db_ adminsession
users. hasAPPPermission( )	检查用户是否选择了应用附加权限	用户功能	Db_ userapp
users. isAPPUser ( )	返回用户	用户功能	
prefs. getString(" name")	获取名称为 name 的偏好	偏好获取	
prefs. getLang( )	获取用户使用的语言	偏好获取	
prefs. getCountry( )	获取当前的国家/地区	偏好获取	
prefs. getNumber(key)	获取数值型偏好值	偏好获取	
io. encodeValues( )	将输入对象转换为网址编码的数据字符串	远程内容检索	
io. getProxyUrl( )	获取传送网址的代理程序版本	远程内容检索	
io. makeRequest( )	从提供的网址中获取内容，并且将该内容馈送到回调函数中	远程内容检索	
util. escapeString( )	使用 HTML 实体转义输入，以使其更安全	实用工具	
util. getFeatureParameters( )	返回该功能的参数的值	实用工具	
util. hasFeature( )	返回指定的功能是否受支持	实用工具	
util. registerOnLoadHandler( )	注册装载处理程序	实用工具	
MiniMessage . createDismissibleMessage( )	创建一个可关闭的消息	实用工具	
MiniMessage. createStaticMessage( )	创建一个静态消息	实用工具	
MiniMessage. createTimerMessage( )	创建只显示指定秒数的消息	实用工具	

续表 3.6

名　称	功　能	类　别	对应数据表
MiniMessage. dismissMessage( )	关闭指定的消息	实用工具	
Tab. getCallback( )	返回在选择标签时执行的回调函数	实用工具	
Tab. getContentContainer( )	返回呈现标签内容的 HTML 元素	实用工具	
Tab. getIndex( )	返回标签的索引	实用工具	
Tab. getName( )	以字符串形式返回标签的标号	实用工具	
Tab. getNameContainer( )	返回包含标签的标号的 HTML 元素	实用工具	
TabSet. addTab( )	添加新标签	实用工具	
TabSet. alignTabs( )	设置标签对齐方式	实用工具	
TabSet. displayTabs( )	显示或隐藏标签以及所有相关内容	实用工具	
TabSet. getHeaderContainer( )	返回标签标题容器元素	实用工具	
TabSet. getSelectedTab( )	返回当前选定的标签对象	实用工具	
TabSet. getTabs( )	返回所有现有标签对象的数组	实用工具	
TabSet. removeTab( )	删除标签索引中某个标签及其所有相关内容	实用工具	
TabSet. setSelectedTab( )	选中标签	实用工具	
TabSet. swapTabs( )	标签交换位置	实用工具	

3.3 异构网络业务集成

3.3.1 业务生成技术

(1) 基于开放式 API 的业务生成

基于开放式 API 的业务生成技术是指基于 API 开发业务的方式。开发者只需知道 API 所提供的功能，而无需关心这些功能是由哪些网络或哪些协议实现的。因此，开发人员可以从烦琐的实现细节中解脱出来，更专注于业务逻辑本身。目前，通信领域主流的 API 有三种：Parlay API，JAIN，SIP Servlet。互联网上开放 API 主要有 REST API 和 Web Service。

（2）基于脚本语言的业务生成

基于脚本语言的业务生成技术是指开发者通过编写特定的脚本语言来规定业务信息，进行业务开发的方式。基于脚本语言业务开发的抽象层次比基于 API 的业务开发要高，利用的网络能力一般不如 API 全面，特别适合于熟悉业务流程而又缺乏专业编程能力的业务开发人员进行业务开发。目前，通信领域出现的业务开发脚本大部分是 XML 形式的，包含 CPL，SCML，VoiceXML，XTML 和 CCXML 等。各种不同的脚本语言在其功能和形式上差别都较大，这里不作介绍。下面简单说明通用流程定义语言 BPEL。

BPEL 是一种通用的 Web Service 流程定义语言，抽象层次较低。BPEL 全称为 Business Process Execution Language，即业务流程执行语言，是一种使用 XML 编写的编程语言。用于自动化业务流程，也曾经被称做 WSBPEL 和 BPEL4WS。BPEL 广泛使用于 Web 服务相关的项目开发中，具有可移植性和有效保护投资等优点。

（3）基于构件的业务生成

基于构件的业务生成是基于软件复用的思想，以构件组合的方式取代了直接编写代码的开发方式，实现业务的快速开发。构件的典型软件表现形式主要是类，或者是一些具有规范的二进制编码的可以独立部署、运行的类，在实现上表现为 CORBA 对象，COM/DCOM，EJB 等。

（4）综合业务生成

综合业务生成同时支持开放 API 技术、脚本技术和构件技术。图 3. 8 所示的应用生成体系是融合了三种技术的应用生成体系。XML 翻译和 GAML 脚本解析器为各种转换过程，CPL 脚本、BPEL 脚本、EBPEL 脚本、移动 SNS 构件、移动 SNS 开放 API 是生成过程涉及的各种实体。

3. 3. 2 异构网络业务集成面临的问题

（1）电信领域业务提供技术

目前，通信网络处于异构网络融合阶段，因此，电信领域业务开发也出现多种开发方法，包括基于协议的业务开发、基于 API 的业务开发、基于脚本的业务开发和基于构件的业务开发。基于协议的业务开发一般来讲针对性很强，即业务开发者通过 C，C + +，JAVA 等高级语言操作特定的协议栈，来实现满足需求

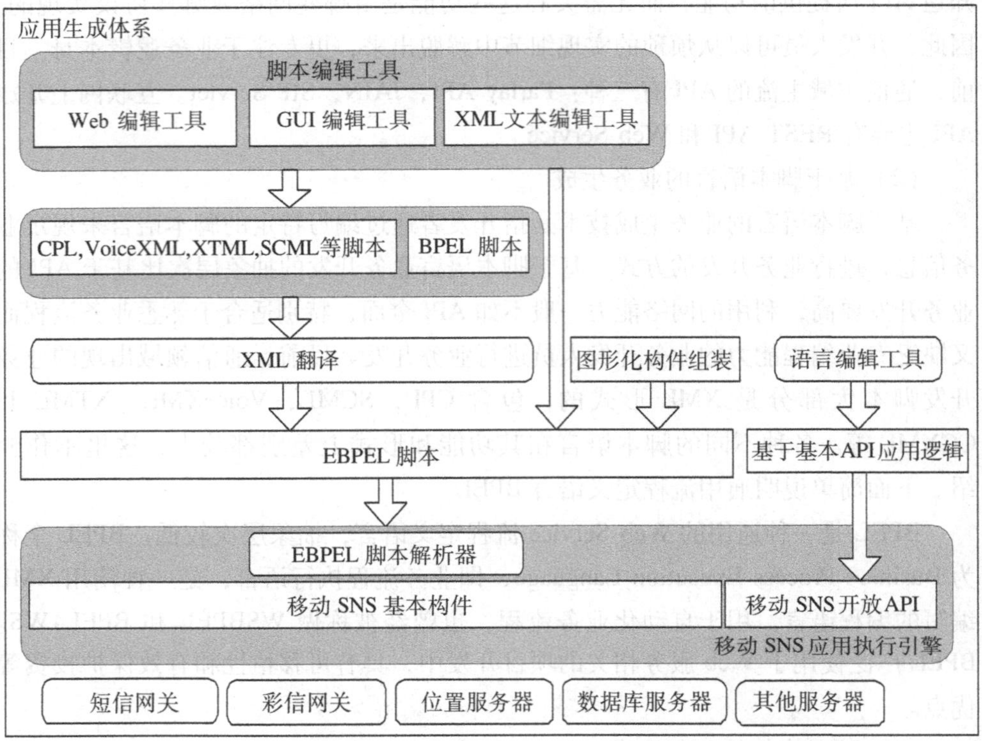

图 3.8　应用生成体系

的业务。基于 API 的业务开发、基于脚本的业务开发和基于构件的业务开发，在 3.3.1 节中已经介绍。当前，电信业务生成领域影响力最大的业务构件模型是智能网中的 SIB 模型，而在基于 API 的电信业务开发中，Parlay API 成为主流。

网络与业务之间采用开放接口(Parlay API)，从而实现业务开发与网络能力分离，为计算机界开发人员进行电信业务开发提供了技术便利，有利于引入第三方开发的业务，这是目前网络开放的一种重要思想和具体实施措施。

Parlay API 是 Parlay 组织定义的一组开放的、独立于具体实现技术的 API 规范，其定义是基于面向对象方法采用 UML 进行描述的，独立于具体中间件平台。目前，Parlay API 的实现一般采用 CORBA 规范(也可采用其他规范，如 COM/DCOM 等)，但是 Parlay API 同样可以建立在 Web Service 之上，这种基于 Web Service 实现的 Parlay API 被称为 Parlay Web Service。除了 Parlay API，Parlay 组织还定义了 Parlay X，一种基于 Web Service 的粗粒度网络能力开放接口(Parlay API 是一种细粒度的网络开放接口)。Parlay 组织的网络能力开放接口体系如图 3.9 所示。

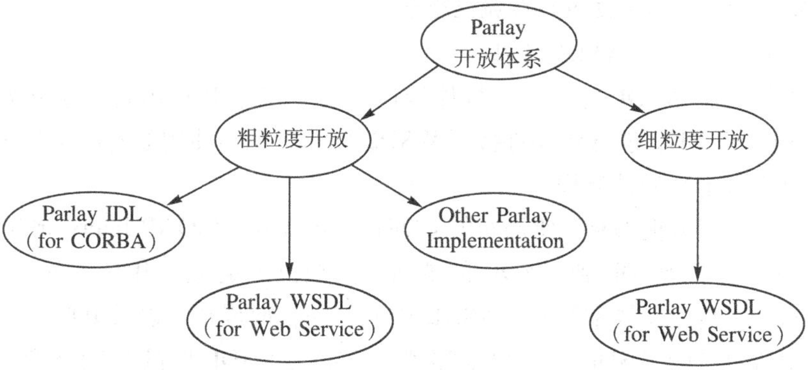

图 3.9 Parlay 组织的网络能力开放接口体系

(2) Web 领域业务提供技术

Web 业务种类繁多，各业务运营商所提供的业务有很大差异，对外部开放程度也大不相同。但是，访问方法也基本上是基于 RPC(远程过程调用)、RMI(远程过程调用)、Web Service 和 REST API。不同业务提供商的 RPC 和 RMI 接口规范描述有很大差异，SNS 领域的 API 开发主要基于 REST API。鉴于目前移动 SNS 应用主要涉及电信领域的接口和 REST API 接口，本书仅考虑基于 IDL 规范的组件、WSDL 接口规范的 Web Service 和 REST API 相关的 Web 领域业务提供技术。

问题：移动 SNS 涉及移动通信网络服务与 Web 业务提供商间的业务整合，采用什么方法定义移动 SNS 的业务流程，使其自动化；为移动 SNS 业务开发提供方便快捷的方法？本书拟采用 WS_BPEL 方法定义业务流程，但 WS_BPEL 仅支持 Web Service。如何用 WS_BPEL 定义构件流程？如何用 WS_BPEL 定义 REST API？如何定义构件、REST API 与 Web Service 的混合流程？

3.3.3 基于 WS_BPEL 业务集成方法

基于上述相关工作，提出了使用 WS_BPEL 定义构件和 REST API 流程的想法。对于使用 WS_BPEL 定义构件流程，我们认为有两种方法：一是现有的构件和未来开发的构件封装成 WSDL 发布，然后使用 WS_BPEL 定义流程；二是扩展 WS_BPEL，支持基于构件技术流程的定义。对于 REST API 技术使用 WS_BPEL 定义流程，我们认为有三种方法：一是现有的 REST API 没有发布和已经发布成 WADL 的转换成 WSDL，然后使用 WS_BPEL 定义流程；二是扩展 WS_BPEL，支持直接调用 WADL 的 WS_BPEL 流程定义语言；三是扩展 WS_BPEL 语言，支持直接调用 REST API 的流程定义语言。以下面分别陈述上述方法。

3.3.3.1 WS_BPEL 定义构件流程方法

（1）构件封装成 WSDL 方法

构件封装成 WSDL 方法中，构件接口定义要遵循 IDL 语言。这种方法是将 IDL 转换成 WSDL，能够将构件按照 WSDL 发布，从而使用原有的 WS_BPEL 流程定义语言来定义构件流程。

该方法主要遵循 OMG 所颁布的 CORBA to WSDL/SOAP Interworking Specification 规范来实现 IDL 到 WSDL 的映射。该规范中定义了 IDL 中各种元素（如接口、属性、自定义异常等）到 WSDL 中元素的转换规则，以及 IDL 中各种简单数据类型所对应的 WSDL 中的数据类型，还定义了 IDL 中的复杂类型到 WSDL < types >元素中 XML 模式数据类型的映射规则。同时，分别针对两种 SOAP Binding 方式（WS_I 和 SOAP Encoded）规定了相应的映射。此外，还定义了 IDL 的命名空间的映射。但是，在规范中没有定义服务端，因为在 IDL 中没有体现出服务端信息。

该规范中关于 CORBA 对象接口中的主要描述项转换为 Web 服务 WSDL 文档中相应的描述的规则如下。

① 基本数据类型：CORBA 对象中的基本数据类型与 XML 中的基本类型对应关系如表 3.7 所列。

表 3.7 CORBA 对象中的基本数据类型与 XML 中的基本类型的对应关系

IDL	WSDL	说　明
boolean	xsd：boolean	XML 原有基本数据类型
char	<xsd：simpleType name = " char" > <xsd：restriction base =" xsd：string" > <xsd：length value =" 1" fixed =" true" /> </xsd：restriction> </xsd：simpleType>	XML 原有的 string 类型，限制其长度为 1，就是一个字符类型
wchar	<xsd：simpleType name = " wchar" > <xsd：restriction base =" xsd：string" /> </xsd：simpleType>	XML 原有基本数据类型 string
double	xsd：double	XML 原有基本数据类型
float	xsd：float	XML 原有基本数据类型
octet	xsd：unsignedByte	XML 原有基本数据类型
long	xsd：int	XML 原有基本数据类型
short	xsd：short	XML 原有基本数据类型
string	xsd：string	XML 原有基本数据类型
wstring	xsd：string	XML 原有基本数据类型

续表 3.7

IDL	WSDL	说　明
unsigned short	xsd：unsignedShort	XML 原有基本数据类型
unsigned long	xsd：unsignedInt	XML 原有基本数据类型
unsigned long long	xsd：unsignedLong	XML 原有基本数据类型
常量	在 WSDL 中直接用其值取代	

② 结构数据类型：CORBA 对象中的结构数据类型与 WSDL 转换关系如下。

Enum：IDL Enum 中的每个值对应 XML 中的 xsd：enumeration，并且值的类型限制为 xsd：string；映射为 WSDL，WSDL 为简单类型（simple Type）。实例如下。

```
// OMG IDL enum myEnum {A, B};
映射成 WSDL 为
<xsd:simpleType name = "myEnum" >
  <xsd:restriction base = "xsd:string" >
    <xsd:enumeration value = "A"/>
    <xsd:enumeration value = "B"/>
  </xsd:restriction>
</xsd:simpleType>
```

Structures：映射为 WSDL 中的复杂类型(complex Type)。实例如下。

```
module Example {
    struct myStruct {
    char c; string str; octet o; short s; unsigned long long ull; float f; double d;
                };
            };
映射成 WSDL 为
<xsd:complexType name = "Example. myStruct" >
  <xsd:sequence>
    <xsd:element name = "c" type = "xsd:string" maxOccurs = "1" minOccurs = "1"/>
    <xsd:element name = "str" type = "xsd:string" nillable = "true" maxOccurs = "1"
        minOccurs = "1"/>
    <xsd:element name = "o" type = "xsd:byte" maxOccurs = "1" minOccurs = "1"/>
    <xsd:element name = "s" type = "xsd:short" maxOccurs = "1" minOccurs = "1"/>
    <xsd:element name = "ull" type = "xsd:unsignedLong" maxOccurs = "1"
        minOccurs = "1"/>
    <xsd:element name = "f" type = "xsd:float" maxOccurs = "1" minOccurs = "1"/>
```

```
      <xsd:element name="d" type="xsd:double" maxOccurs="1" minOccurs="1"/>
    </xsd:sequence>
  </xsd:complexType>
```

Typedefs：IDL 类型定义对应 XML 中的类型限制。实例如下。

```
module Example { typedef long Number; typedef Number OtherNumber; };
```

映射成 WSDL 为

```
<xsd:simpleType name="Example.Number"> <xsd:restriction base="xsd:int"/>
</xsd:simpleType>
<xsd:simpleType name="Example.OtherNumber"> <xsd:restriction base="Example.Number"/> </xsd:simpleType>
```

Unions：联合中的每个构成元素对应 XML 中的选择单元（xsd：choice）。实例如下。

```
module Example {
union myUnion switch (long) { case 0: long l; case 1: string str; case 2: case 3: float f; default: octet o; };
          };
```

映射成 WSDL 为

```
<xsd:complexType name="Example.myUnion">
  <xsd:sequence>
    <xsd:element name="discriminator" type="xsd:int"/>
    <xsd:choice>
      <xsd:element name="l" type="xsd:int" minOccurs="0" maxOccurs="1"/>
<! --case 1-->
      <xsd:element name="str" type="xsd:string" nillable="true" minOccurs="0" maxOccurs="1"
      <xsd:element name="f" type="xsd:float" minOccurs="0" maxOccurs="1"/>
      <xsd:element name="o" type="xsd:byte" minOccurs="0" maxOccurs="1"/> </xsd:choice> </xsd:sequence>
</xsd:complexType>
```

Sequence：实例如下。

```
typedef sequence<long> longSeq;
```

映射 WSDL 为

```
<xsd:complexType name="Example.longSeq">
  <xsd:sequence>
    <xsd:element name="item" minOccurs="0" maxOccurs="unbounded"
    type="xsd:int"/>
```

```
    </xsd:sequence>
  </xsd. complexType>
```

Arrays：实例如下。

```
module Example {typedef long arrayLong[10];};
```

映射 WSDL 为

```
<xsd:complexType name = "Example. arrayLong" >
    <xsd:sequence >
        <xsd:elementname = "item" type = "xsd:int" minOccurs = "10" maxOccurs = "10"/
>
    </xsd:sequence>
</xsd:complexType>
```

③ 接口：与 CORBA 对象接口对等的概念是服务的端口类型（WSDL 2.0 中为接口），实现服务的每一个接口映射为服务的一个端口类型。接口由名称、操作和数据类型三部分组成。

实例说明转换方法如下。

```
// IDL interface SomeInterface { long bar(in float pi); };
```

映射 WSDL 为

```
<? xml version = "1.0" encoding = "UTF-8"? >
<definitions name = "SomeInterfaceExample"
  targetNamespace = "http://www. omg. org/IDL-Mapped/"
  xmlns:tns = "http://www. omg. org/IDL-Mapped/"
  xmlns:corba = "http://www. omg. org/IDL-WSDL/1. 0/"
  xmlns:soap = "http://schemas. xmlsoap. org/wsdl/soap/"
  xmlns = "http://schemas. xmlsoap. org/wsdl/"
  xmlns:xsd = "http://www. w3. org/2001/XMLSchema" > <import
  namespace = "http://www. omg. org/IDL-WSDL/1. 0/"
  location = "../corba/corba. wsdl"/>
  <! -- Messages related to port: SomeInterface -- >
  <message name = "SomeInterface. bar" >
    <part name = "pi" type = "xsd:float"/>
  </message>
  <message name = "SomeInterface. barResponse" >
    <part name = "_return" type = "xsd:int"/>
  </message>
  <! -- port type for SomeInterface -- >
  <portType name = "SomeInterface" >
```

```
    <operation name = "bar" >
      <input message = "tns:SomeInterface. bar"/>
      <output message = "tns:SomeInterface. barResponse"/>
      <fault name = "CORBA. SystemException"
        message = "corba:CORBA. SystemExceptionMessage"/>
    </operation>
  </portType>
</definitions>
```

接口名称转换成端口类型名称；接口中的方法转换成端口类型中的操作；方法的输入参数和返回值转换成消息，消息定义参照上述变量定义规范。

④ 操作：CORBA 对象的接口中需发布的操作映射为服务相应的端口类型中的操作，每一个服务操作包含一对 SOAP 消息，分别是调用该操作的请求消息和应答消息。可参照上一题目的实例。

⑤ 属性：属性也是接口中可访问的元素，每个属性根据其访问权限映射为一个服务相应的端口类型中的 get（只读属性）或 get/ set 操作（读写属性）。

实例如下。

```
// IDL interface MyAttrs { attribute string strAttr; readonly attribute long longAttr; };
映射到 WSDL 为
<message name = "MyAttrs. _get_strAttr"/>
<message name = "MyAttrs. _get_strAttrResponse" >
  <part name = "_return" type = "xsd:string"/>
</message>
<message name = "MyAttrs. _set_strAttr" >
  <part name = "value" type = "xsd:string"/>
</message>
<message name = "MyAttrs. _get_ongAttr"/>
<message name = "MyAttrs. _get_longAttrResponse" >
  <part name = "_return" type = "xsd:int"/>
</message>
<! - - portType for MyAttrs - - >
<portType name = "MyAttrs" >
  <operation name = "_get_strAttr" >
    <input message = "tns:MyAttrs. _get_strAttr"/>
    <output message = "tns:MyAttrs. _get_strAttrResponse"/>
    <fault name = "CORBA. SystemException"
      message = "corba:CORBA. SystemExceptionMessage"/>
```

```
    </operation>
    <operation name="_set_strAttr" >
      <input message="tns:MyAttrs._set_strAttr"/>
      <fault name="CORBA.SystemException"
        message="corba:CORBA.SystemExceptionMessage"/>
    </operation>
    <operation name="_get_longAttr" >
      <input message="tns:MyAttrs._get_longAttr"/>
      <output message="tns:MyAttrs._get_longAttrResponse"/>
      <fault name="CORBA.SystemException"
        message="corba:CORBA.SystemExceptionMessage"/>
    </operation>
  </portType>
```

接口 MyAttrs 中的属性转换成_get_strAttr 和_set_strAttr 方法得到或设置 strAttr 属性的值。

⑥ 接口继承关系：WSDL 不支持继承概念，因此，接口的继承关系将被平板化，其接口中的操作直接映射为该服务相应端口类型中的操作。

（2）扩展 WS_BPEL 方法定义构件流程

移动 SNS 中移动通信系统中开放的接口对此有描述，这里仅涉及 Parlay 体系包括 Parlay IDL(for CORBA)，Parlay WSDL(for Web Service)，Other Parlay Implementation 三种类型的接口。移动 SNS 本身由许多构件组成。WS_BPEL 主要应用于 Web Services 之间的合成，现在已经是行业内的规范。本节通过扩展 WS_BPEL 语言，提出一种支持定义已有的 Parlay IDL 和 Web Service 流程语言(IWS_BPEL)。IWS_BPEL 语言与上述 IDL 转换成 WSDL 相似，要解决数据类型、接口、操作、属性问题。下面介绍解决这几个问题的方法。

- 数据类型：包括基本数据类型和结构化数据类型。类型或者元素属性可以同样被使用，分别定义简单/复杂 XML Schema 类型或者 XML Schema 元素的变量。简单/复杂 XML Schema 类型或者 XML Schema 元素的变量形成基本数据类型和结构化数据类型。具体转化方法同上节中的介绍。
- 接口和操作转换成 IWS_BPEL 中的 partlinktype 和 operation。
- 属性定义成 get/set 方法，对应 IWS_BPEL 中的 operation。
- 常量定义直接定义成 IWS_BPEL 中的变量值。

3.3.3.2 WS_BPEL 定义 REST API 流程方法

（1）REST API 转换成 WSDL 方法

在 WSDL 2.0 以前版本并不支持描述 REST，但在 WSDL 2.0 版本已经提供对 REST 和 Web 服务的支持。Web 服务这个术语通常与使用 SOAP 和 WS 标准（如 WS-Addressing 和 WS-Security）的基于操作的服务相关联；REST Web 服务这个术语一般是指使用 HTTP 和 XML 的基于资源的 Web 服务体系结构。每种体系结构的 Web 服务风格各有其影响力，但是直到最近，WSDL 不再同等地支持这两种风格。WSDL 1.1 HTTP 绑定不足以描述使用 HTTP 和 XML 的通信，因此没有办法使用 WSDL 来正式地描述 REST Web 服务。WSDL 2.0 在设计时，考虑到了 REST Web 服务，将 WSDL 2.0 作为 World Wide Web Consortium（W3C）建议标准来发布意味着现在有了用于描述 REST Web 服务的语言。图 3.10 示意 BPEL 通过 WSDL 2.0 调用 REST API 的过程。

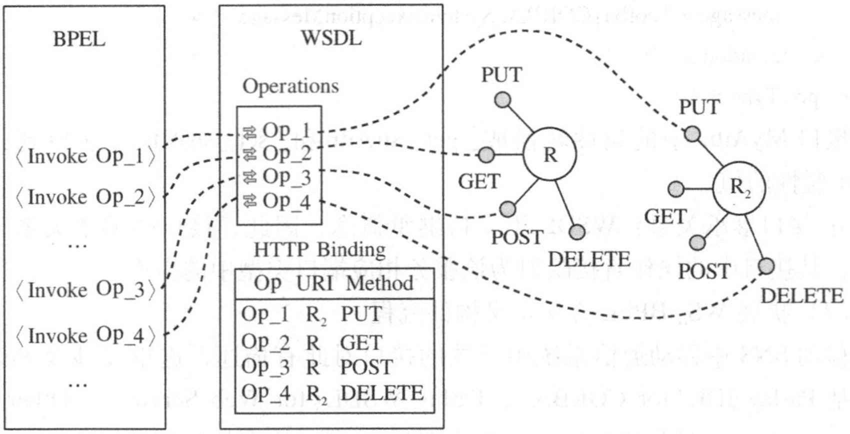

图 3.10　BPEL 通过 WSDL 2.0 调用 REST API

① REST 和 Web Service 不同。

• REST 面向资源，Web Service 面向服务；

• REST 用 HTTP 作为传输协议；Web Service 用 SOAP 消息数据交换，其可使用任何传输协议；

• 在 REST 模式下，所有的 QoS 参数由传输协议 HTTP 提供；

• Web 服务一般将数据作为 XML 返回，但是存在其他对服务使用者有用的内容类型；在 HTTP 世界中，数据格式的选择称为内容类型协商。在内容类型协商中，客户端指定首选的内容类型和可接受的内容类型，然后服务使用最适当的内容类型来响应。

② WSDL 2.0 概述：WSDL 2.0 是 WSDL 1.1 的扩展升级版本，解决以前版本中的存在的一些问题，目前还不是 W3C 的正式标准，作为 W3C 的推荐标准。WSDL 2.0 的文档框架为：

```
<wsdl:description xmlns:wsdl="http://www.w3.org/ns/wsdl">
```

```
    <wsdl:types/>
    <wsdl:interface/>
    <wsdl:binding/>
    <wsdl:service/>
</wsdl:description>
```

types 元素包含了描述 Web 服务消息的所有 XML 模式元素和类型定义。既可以是引用类型定义文档，也可以是 XML Schemas 中的数据类型。

interface 元素是操作的集合，定义了 Web 服务操作，包括特定的输入、输出和所传递的错误消息，以及传递那些错误消息的顺序。

binding 元素定义客户端如何与 Web 服务通信。在 REST Web 服务的情况下，一个绑定指定客户端可以使用 HTTP 进行通信。

service 元素将 Web 服务的地址与特定的接口和绑定相关联。

WSDL 2.0 的文档结构相对于 WSDL 1.1 的文档结构有很大变化，下面是主要的变化。

- 根元素已从 definitions 更改为 description；
- portType 元素已被替换为 interface 元素，以更好地反映其用途；
- message 元素不再作为一个全局元素而存在，消息描述现在封装在 interface 元素中；
- 绑定现在是可重用的，不需要将其与某个特定的接口相关联，关联可以在服务声明中建立；
- 在 WSDL 1.1 中能够以多种方式导入的 XML 模式，现在使用 types 元素的直接子元素 xsd：import 来进行导入；
- HTTP 命名空间 http：//www.w3.org/ns/wsdl/http，其中包括 HTTP 绑定元素，支持 REST；
- WSDL 扩展命名空间 http：//www.w3.org/ns/wsdl-extensions，其中包括三个属性的定义：两个用于将 XML 文档中的超链接与 Web 服务描述相关联，第三个用于安全地描述 Web 服务操作，用于支持 REST。

③ WSDL 2.0 描述 REST 方法：用访问图书列表服务实例，说明如何使用 WSDL 2.0 描述 REST 方法。

- 图书列表服务。图书列表服务的 URL 为 http：//www.bookstore.com/books/。为了处理该服务，需要使用 WSDL service 元素，此元素至少需要一个 endpoint 子元素。endpoint 元素的 address 属性用于指定该服务的 URL，如以下脚本所示。endpoint 元素还用于将某个绑定与具有 binding 属性的服务关联起来。service 元素反过来又将某个接口与具有 interface 属性的服务关联起来。在以下几个部分中创建接口和绑定，因此，现在可以将这些属性值保留空白。

```
wsdl: description xmlns: wsdl = " http: //www. w3. org/ns/wsdl"
  targetNamespace = " http: //www. bookstore. org/booklist/wsdl"
  xmlns: tns = " http: //www. bookstore. org/booklist/wsdl" >
  < wsdl: service name = " BookList" interface = "" >
    < wsdl: documentation >
      The bookstore's book list service.
    </wsdl: documentation >
    < wsdl: endpoint name = " BookListHTTPEndpoint"
      binding = ""
      address = " http: //www. bookstore. com/books/" >
    </wsdl: endpoint >
  </wsdl: service >
</wsdl: description >
```

● 服务绑定。图书列表服务的绑定定义需要指定该服务使用 HTTP 来进行通信。为此，可以为 binding 元素的 type 属性指定值 http：//www. w3. org/ns/wsdl/http。该绑定还可以选择引用某个接口，将 interface 属性保留空白，在下一个部分中创建该属性。如果某个接口与该绑定相关联，binding 可以选择声明一个子 operation 元素，用于镜像接口的 operation 元素。这时需要创建一个存根 operation 元素，并在创建接口以后填充此引用。HTTP 存在 4 个通信谓词 GET，PUT，POST，DELETE。

```
< wsdl: binding name = " BookListHTTPBinding"
  type = " http: //www. w3. org/ns/wsdl/http"
  interface = "" >
< wsdl: documentation >
  The RESTful HTTP binding for the book list service.
  </wsdl: documentation >
  < wsdl: operation ref = "" whttp: method = " GET" />
</wsdl: binding >
```

● 服务操作。interface 元素及其子 operation 元素用于定义服务的操作。在该图书列表服务的情况下，将定义单个操作 getBookList，此操作使用图书列表来响应请求。operation 元素的三个属性需要指定，分别为：pattern 用于指定该操作的消息交换模式；style 用于指定有关某个操作的附加信息，指定值 http：//www. w3. org/ns/wsdl/style/iri，从而对 input 元素内容施加限制，例如，要求它仅使用 XML 模式元素；wsdlx：safe 在 WSDL 扩展命名空间中，此属性声明该操作是等幂的。这种类型的操作不修改资源，因此可以调用多次并获得相同的结果。为了利用此元素，可以在 description 元素上声明 WSDL 扩展命名空间http://www. w3. org/ns/wsdl-extensions。

```
<wsdl: interface name = " BookListInterface" >
  <wsdl: operation name = " getBookList"
    pattern = " http: //www. w3. org/ns/wsdl/in-out"
    style = " http: //www. w3. org/ns/wsdl/style/iri"
    wsdlx: safe = " true" >
     <wsdl: documentation >
       This operation returns a list of books.
     </wsdl: documentation >
     <wsdl: input element = "" />
     <wsdl: output element = "" />
  </wsdl: operation >
</wsdl: interface >
```

• 服务操作消息。图书列表 Web 服务具有两个消息：一个输入消息和一个输出消息。这里需要描述特定的消息结构，以便客户端知道要向服务发送什么消息，以及预期服务会返回什么消息。一般是首先创建两个全局元素，然后定义消息类型。

getBookList 表示输入消息，其中包含元素序列，包括服务上允许的每个查询参数，即作者、标题、出版商、主题和语言等。

bookList 表示输出消息，其中包含 book 元素的序列。每个 book 元素包含 title 和 url 属性。title 属性应该是不言而喻的，url 属性是指向图书详细信息 REST Web 服务的链接，该服务返回特定图书的详细信息。

然后定义消息类型为 getBookListType 和 bookListType。详细清单如下。

```
<element name = "bookList" type = "tns:bookListType" >
  <annotation >
    <documentation >
      The response element for the book list service.
    </documentation >
  </annotation >
</element >
<complexType name = "getBookListType" >
  <sequence >
```

```
      <element name = "author" type = "string" minOccurs = "0" maxOccurs = "unbound-
ed"/>
      <element name = "title" type = "string" minOccurs = "0" maxOccurs = "1"/>
      <element name = "publisher" type = "string" minOccurs = "0" maxOccurs = "1"/>
      <element name = "subject" type = "string" minOccurs = "0" maxOccurs = "1"/>
      <element name = "language" type = "string" minOccurs = "0"
  maxOccurs = "unbounded"/>
  </sequence>
</complexType>
<complexType name = "bookListType" >
  <sequence>
      <element name = "book" type = "tns:bookType" minOccurs = "0"
  maxOccurs = "unbounded"/>
  </sequence>
</complexType>
<complexType name = "bookType" >
  <attribute name = "title" type = "string"/>
  <attribute name = "url" type = "anyURI"
    wsdlx:interface = "booksvc:BookInterface"
    wsdlx:binding = "booksvc:BookHTTPBinding"/>
  </complexType>
```

要引用 XML 模式中声明的输入和输出元素，需将该模式导入重新编写的 WSDL 文档中。要导入某个模式，可以在 types 部分使用 import 元素，还需要在接口操作的 input 和 output 元素中添加对 getBookList 和 bookList 元素的引用，并将 XML 模式(图书列表模式)的命名空间声明添加到 description 元素。

（2）扩展 WS_BPEL，支持 WADL 方法

BPEL 标准目前还不能支持 WADL 的调用，WADL 将 REST API 描述成统一的接口格式进行发布，经过扩展 BPEL 后，应当能够支持通过 WADL 调用 REST API。图 3.11 所示是 BPEL 通过 WADL 调用 REST API 的过程。

① WADL 简介：WADL 用来描述基于 HTTP 的 Web 应用，一些 RESTful Web 服务已经使用 WADL 描述，但目前还比较少。机器自动发现服务(Web Service，RESTful Web Service)和自动组合服务要求各种服务相关信息必须能够被有效描述，使得机器可以识别。下面介绍 WADL 的相关组成部分及作用。

Grammars：WADL 要使用的数据格式的集合。定义引用的数据格式，可以包含多个数据格式描述文件。

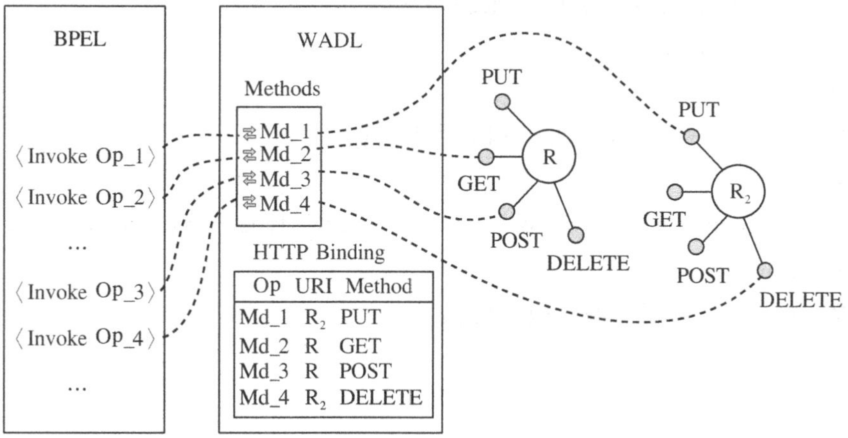

图 3.11　BPEL 通过 WADL 调用 REST API

```
< grammars >
    < include href = " AWSECommerceService. xsd" / >
</grammars >
```

Resources：是应用提供的资源的集合，单元 base 指明资源的位置，这个位置是集合中所有资源的高层次的位置。

```
< resources base = " http://webservices. amazon. com/onca/" >
</resources >
```

Resource：描述了某个具体的资源，也可以是一组资源的集合。Id 可选属性标识资源；path 可选属性，资源路径；type 可选属性，资源类型，下面有介绍；queryType 定义资源的媒体类型。

```
< resource path = " xml" >
    < method href = " #ItemSearch" / >
</resource >
```

Resource Type：资源类型描述了一套方法，体现资源的行为。多个资源可以共用一个资源类型。

```
< resource_type id = " entry_feed" >
    < method href = " #getFeed" / >
    < method href = " #addEntryCollectionMember" / >
</resource >
```

Method：方法用于输入和输出资源信息。

```
< method name = " GET"  id = " getFeed" >
  < response >
```

```
        <representation href = "#feed"/>
      </response>
    </method>
```

Request：描述了请求资源的相关请求信息。

```
<request>
    <param name = "verbose"  style = "query"  type = "xsd:boolean"/>
</request>
```

Response：描述了资源的应答信息。

```
<response>
  …
</response>
```

Representation：描述了资源的状态展现。

```
<representation id = "entry"  mediaType = "application/atom + xml"  element = "atom:entry"/>
```

Fault：与 Representation 相似，返回出错信息。

```
<fault status = "400"  mediaType = "application/xml"  element = "ya:Error"/>
```

Parameter：描述参数信息，实例如下：

```
<param name = "Version"  style = "query"  fixed = "2005-07-26"/>
<param name = "Operation"  style = "query"  fixed = "ItemSearch"/>
```

② BPEL 通过 WADL 调用 REST API 方法：BPEL 仅仅支持 Web Service，如果要 BPEL 能够支持 WADL 定义的 REST API，需要扩展 BEPL，其中活动 <receive>，<reply>，<invoke>，<onMessage>，<onEvent>需要由能够支持 WADL 的语法组成。扩展的标签如下。

<rbpel：receive>：接收外部 HTTP 请求，将交换信息保存，开始一个流程。path 指明接收请求的地址，wadl 标签表明调用的方法（get，put，post，delete），messageExchange 指明了从请求端获得的 HTTP 请求参数。

```
<rbpel:receive path = ""  messageExchange = "" >
    <wadl:method name = ""/>
</rbpel:receive>
```

<rbpel：reply>：应答外部的请求信息。messageExchange 为应答的交换数据；<rbpel：status>指明返回的状态代码（201 = ok，404 = 无此链接等），<path>说明返回的目的地址。

```
<rbpel:reply path = ""  messageExchange = "" >
    <rbpel:status> </rbpel:status>
```

</rbpel:reply>

***<rbpel*: *invoke*>**：用于调用 WADL 文件中的方法。path 指明接收请求的地址，wadl 标签表明调用的方法（get，put，post，delete），messageExchange 指明了从请求端获得的 HTTP 请求参数。

```
<rbpel:invoke path = "" messageExchange = "" >
    <wadl:method name = ""/>
</rbpel:invoke>
```

***<rbpel*: *onMessage*>**：BPEL 作为 REST 资源暴露出去，<rbpel: onMessage>的作用是响应相关请求，messageExchange 指明了从请求端获得的 HTTP 请求参数，path 指明接收请求的地址，wadl 标签表明调用的方法（get，put，post，delete）。

```
<rbpel:onMessage path = "" messageExchange = " " >
    <wadl:method name = ""/>
    <! -- return representation of item $itemShow. itemNumber -- >
</rbpel:onMessage>
```

③ 扩展 WS_BPEL，支持直接调用 REST API 方法：互联网中存在大量的 REST API，但是没有经过统一接口描述。若想使用 BPEL 定义没有接口描述的 REST API，必须扩展 BPEL，使其能够支持直接调用 REST API。本节介绍扩展 BPEL 方法，图 3. 12 所示是扩展 BPEL 直接调用 REST API 的过程。

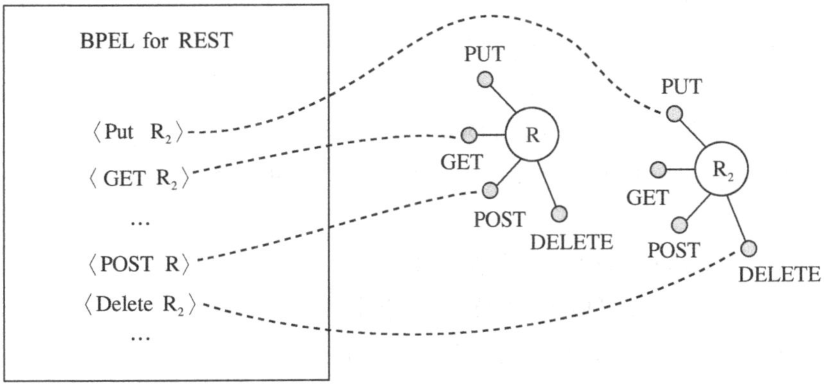

图 3. 12 扩展 BPEL 直接调用 REST API

BPEL 扩展方法如下。

① 调用外部已存在 REST API：若能够使 BPEL 调用采用 HTTP 协议的 REST API，需要增加 4 个活动：<get>，<post>，<put>，<delete>。

<get>：发送请求信息。URI 指明请求连接，response 指明应答数据存储的

变量。

<get uri = "" response = "" > . . . </get>

<post>：异步获取数据。URI 指明请求连接，response 指明应答数据存储的变量，request 指明请求参数。

<post uri = "" request = "" response = ""> … </post>

<put>：改写资源数据。URI. . . 明请求连接，response 指明应答数据存储的变量，request 指明请求参数。

<put uri = "" request = "" response = ""？ > . . . </put>

<delete>：删除资源数据。URI 指明请求连接，response 指明应答数据存储的变量。

<delete uri = "" response = ""？ > . . . </delete>

② 流程作为 REST API 响应调用：BPEL 流程作为 REST API 发布，需要定义<resource> . . . </resource>容器，描述相响应调用端的 HTTP 请求。在<resource>内部，可以定义变量用户描述资源状态，并且变量只能在容器中使用，除非容器失效。为了响应 HTTP 请求，在<resource>内部定义了 4 个事件处理器，分别是<onGet>，<onPost>，<onPut>，<onDelete>。

<resource>：定义资源单元，请求服务端运行流程的<resource>后激活。uri 指明请求连接，<variable>定义保存资源状态的局部变量。

<resource uri = "">
    <variable> *
    <onGet>？. . . </onGet>
    <onPut>？. . . </onPut>
    <onDelete>？. . . </onDelete>
    <onPost isolated = "false"？ >？. . . </onPost>
</resource>

<onGet>：响应 HTTP 中的请求事件。

<onPost>：响应 HTTP 中的异步请求事件。

<onPut>：响应 HTTP 中的修改请求事件。

<onDelete>：响应 HTTP 中的删除数据事件。

4 移动 SNS 客户端技术

移动 SNS 以移动终端为媒介。当然，移动 SNS 也需要对用户通过 PC 接入 SNS 网站进行信息管理、与朋友互通等提供支持。但是，移动 SNS 主要还是以移动智能终端作为用户接入和使用 SNS 服务的手段，从而充分发挥移动终端的可携带性，这就要求移动 SNS 在网页设计、用户交互方式、信息传递方式等方面，突出和适应移动终端的特点。移动终端的另一个主要特点是位置的移动性，因此，移动 SNS 也可以方便地提供基于位置信息的服务。对用户位置的实时定位、地点标注及好友关系的有机结合，可以生成很多方便用户的应用及服务。

目前常见的社交网站的手机版主要是 WAP 形式。由于受技术的限制，WAP 版的 SNS 服务内容组织形式单调，表现力、可读性和交互性等都受限，难以满足用户需求。现在的 WAP 解决方案要求手机通过 WAP Gateway 才能访问 Internet，并且只能访问 WML，而非主流的 HTML 页面，所以也不能显示复杂格式的图形。此外，现有的 WAP 解决方案不够智能，而且不能访问本地存储区。

与 WAP 方式不同，新的移动 SNS 应用系统具有如下特点：

① 通过图文、动画、声音、视频等多媒体元素，带给用户强烈的感官享受，用户会很乐意地使用界面美观、操作简便的系统；

② 提供一个展示用户个性化思想和生活方式的个人空间，可以上传图片、音频等多媒体元素，并与他人分享；

③ 提供即时通信、短信、语音等方式，加强用户间的互动交流；

④ 能够为用户提供本地通讯录的备份和实时更新；

⑤ 为用户提供一个人脉分享和传递平台；

⑥ 提供基于位置信息、通信能力的特色服务。

因此，为了支持移动 SNS 丰富的表现形式和良好的使用体验，需要使用新技术和客户端软件，提供广泛的终端支持、实时数据统计和信息反馈，更有效地利用用户的原有人脉资源。移动 SNS 客户端软件除支持传统 SNS 的应用外，还将充分考虑与移动通信和位置信息的结合，设计新的应用。这些功能可以通过 Web 页面的方式提供，用户可通过 PC 或者手机终端接入进行操作；也可以通过 API 的方式供其他应用使用，以使得 SNS 建立的社会关系信息能够促进其他网络服务或应用的更加有效的使用。而作为运营移动 SNS 的运营商，应当能够有效地管理移动 SNS 相关数据，因此，还应该支持移动 SNS 服务运营商的应用管理功能。

4.1　移动 SNS 客户端能力需求

移动 SNS 用户使用的终端有很多种，可以简单地分为以下三类。

① 固定终端：主要包括 PC 机。

② 半固定终端：包括笔记本和越来越流行的上网本；半固定终端的移动性介于移动终端和固定终端之间，相对于固定终端可以移动，但是不具备移动终端的随时随地的移动性。

③ 移动终端：包括手机、PDA 等，将来 PSP 等设备可以接入无线网络后，也可以作为移动 SNS 的终端。

移动终端与其他两个终端相比，CPU 较弱，存储器较小，功耗受到限制并且键盘和屏幕也较小，因此，移动终端与其他两种终端的设计应区分进行。而作为目前移动 SNS 主要接入终端的手机，不同厂家、不同型号的手机性能、外观等差距比较大，操作系统也不同。低端手机仅支持 WAP 浏览，高端手机及智能机的处理能力及存储空间相对低端机均强大很多，支持 Web 浏览，并能支持流行的 Widget 应用。因此，不同终端的用户对于应用的需求差别也会比较大，而移动 SNS 开发者也应该根据不同的终端情况提供不同的服务。

4.1.1　客户端软件需求

由第 2 章及本章开头中提到的移动 SNS 功能需求及终端与通信能力、位置信息结合的需求等，结合移动 SNS 的不同接入终端情况，可以得到不同终端条件下的客户端软件需求。

4.1.1.1　固定终端客户端软件需求

PC 机一般通过宽带或者拨号方式接入网络。用户使用 PC 机浏览器打开 SNS 主页或者移动 SNS 桌面客户端时，需要用到的功能有常见的 SNS 功能，如个人信息管理、好友管理、群组管理和第三方应用等，以及部分基于位置信息等与通信能力结合的应用等，具体分析如下。

(1) 用户个人信息管理

用户个人信息管理的具体功能如下。

- 注册与登录：用户首次使用移动 SNS 需要先注册，再登录；
- 编辑个人信息：用户可以编辑如学校、年级、家乡、兴趣爱好等内容，并可以设定个人头像；

- 评论管理：用户可以对好友在自己页面的评论进行删除等管理；
- 日志：用户可以发表新的日志，并可以对已有日志进行编辑、删除、分组等管理。

（2）好友管理

好友管理的具体功能如下。

- 搜索好友：用户可以通过好友的姓名、学校、院系等信息搜索好友；
- 添加好友；
- 删除好友；
- 推荐好友：系统通过用户共同的一度好友、院系、兴趣爱好等，根据一定的算法向用户推荐好友。

（3）邀请好友

用户可以导入 QQ，MSN，Gmail 等好友列表，邀请他们注册成为移动 SNS 用户。

（4）群组管理

群组管理的具体功能如下。

- 新建群组；
- 搜索群组；
- 加入群组；
- 退出群组；
- 删除群组：对于用户自己建立的群组，可以进行删除；
- 管理群组：用户自己建立的群组，或者用户是群组的管理员的情况下，可以进行删除群组内话题等管理操作；
- 发表话题：用户加入群组后，可以发表话题，或在别人的话题后回帖。

（5）订阅感兴趣的信息

用户对某好友信息比较关注，或者想第一时间知道好友对自己的评论等内容，可以进行订阅，系统会通过站内消息或者手机短信的方式提醒用户。

（6）开放接口

用户可以根据系统提供的开放接口开发应用，并将其发布到应用列表中，供其他用户添加使用。

（7）多媒体应用

多媒体应用的具体功能如下。

- 上传照片、视频等多媒体文件；
- 观看好友上传、分享的多媒体文件。

（8）基于位置信息的应用

基于位置信息应用的具体功能如下。

- 添加/删除标注：用户可以对自己感兴趣的餐馆、商场等进行标注，并可以删除已经存在的标注。
- 查看/查找标注：用户可以查看自己或好友的标注，并可以按照类别、名称等进行查找。
- 导航/请求导航：用户需要查找去某地的路线时，可以选择系统进行导航或者请求好友导航；收到好友的导航请求时，可以为其画出引导路线。

4.1.1.2　半固定终端的客户端软件需求

半固定终端（如笔记本、上网本等）一般通过有线或无线宽带接入网络，性能上与固定终端类似，软件需求也基本相同。但由于半固定终端还具有一定的移动性，因此，软件需求中还应该具有部分移动性的内容，如用户对自己当前位置进行定位，并请求到某个兴趣点的导航等。

4.1.1.3　移动终端的客户端软件需求

移动终端以手机为主，但是目前手机的硬件条件及操作系统等软件平台差异比较大，因此，将软件需求再进一步细分。

用户使用普通的非智能手机，对 Widget 等支持不理想，可以采用 WAP 或者 Web 浏览器登录移动 SNS，虽然使用不太方便，但是可以满足如更新个人状态、浏览好友日志等基本的功能需要。在这种硬件条件下，除多媒体播放等硬件可能无法支持外，软件需求与固定终端基本相同。

用户使用配置相对较高的手机或者智能手机，可以下载客户端软件，如果支持 Widget 平台，可以采用下载 Widget 方式使用移动 SNS 的应用。客户端软件与移动 SNS 网站使用相同的用户名和密码，如果是第一次使用移动 SNS 终端软件，需要注册，成功后，即可登录。

客户端软件也应该提供部分固定终端提到的基本的 SNS 应用，如更新个人状态、发表日志、浏览日志、多媒体应用等；但是限于手机屏幕的大小及输入不便，如群组管理、好友管理、订阅等的功能不在终端提供。

除以上基本 SNS 需求外，由于移动终端具有通信能力和随时移动的特性，用户还需要使用移动 SNS 特有的功能，这也将是本章接下来重点讨论的内容。

（1）基于位置信息的应用

基于位置信息应用的具体功能如下。

- 开启地图：用户可以打开地图并拖拽、放大或者缩小。
- 定位：用户可以对自己当前位置进行定位并在地图上标注出来。
- 导航：用户确定起点、终点之后，可以调用系统导航，或者请求好友为自己导航。

- 兴趣点管理：在地图上添加、删除、查看兴趣点等。

（2）基于通信能力的应用

用户在移动终端登录移动 SNS 时，可以与好友发短信或者打电话。

（3）基于移动终端的应用

基于移动终端应用的具体功能如下。

- 同步通信录：用户可以将本机的通信录与移动 SNS 上好友填写的资料进行同步，修改手机中的资料。
- 读取本机信息：用户可以登录移动 SNS 时读取收件箱中的短信；还可以授权移动 SNS 的客户端读取通讯记录，方便移动 SNS 向其推荐好友。

4.1.2 终端硬件能力需求

（1）固定终端及半固定终端的硬件需求

采用 PC 或者上网本登录使用移动 SNS 时，使用的功能与传统 SNS 网站类似，如个人展示、好友管理、第三方应用等，目前常见的电脑硬件配置及浏览器均能满足要求。如果需要拍摄视频音频或者图片，还需要配备摄像头、麦克等多媒体设备。以上要求目前主流的 PC 及上网本均可达到，不再扩展分析。

上网本相对于 PC 有更好的移动性和便携性，为使用移动 SNS 的位置信息的服务，上网本还需要有 GPS 定位模块。

（2）移动终端的硬件需求

移动终端是目前移动 SNS 主要的接入方式，并且移动终端的软硬件能力差别比较大，以下重点分析移动终端的软硬件要求。

① 基本硬件需求：终端使用移动 SNS 最基本的方式是使用 WAP 登录，因此，对硬件的基本需求是内存和处理器可以支持 WAP 浏览器的正常运行；为了更方便地使用移动 SNS 的各种功能，需要支持 Web 浏览器的正常运行，目前的手机基本都可以支持。

② 移动 SNS 对硬件需求：为使 4.4.1 节中提到的功能可以正常使用，需要对硬件提出以下要求：

- 为使移动 SNS 终端软件可以正常运行，各项功能可以正常使用，终端需要比较大的存储容量及处理速度比较快的处理器，如 64MB 内存，8GB 存储容量及 600MHz 处理器；
- 为使用移动 SNS 提供的位置信息服务，终端需要有 GPS 定位模块；
- 为使地图、兴趣点、引导路线清晰可见，终端需要一个大尺寸的屏幕，一般要求在 2.5 英寸以上，分辨率为 320×480；

- 为使用移动 SNS 提供的视频图片及时上传功能，终端应配有摄像头；
- 为方便 PC 与手机的资料同步，终端应配有蓝牙或者 WiFi 等设备；
- 为使用结合通信能力的功能，如短信、通话等，终端需要相应的硬件设备。

4.2 移动 SNS 客户端系统的体系结构

4.2.1 概 述

软件系统体系结构主要有两种模式：C/S(Client/Server，客户机/服务器)模式和 B/S(Browser/Server，浏览器/服务器)模式。C/S 模式将数据库内容放置在远程服务器，在客户机上安装相应的软件，用户通过客户端向服务器提出请求，服务器再将服务响应返回给客户端，客户端对数据进行计算后将结果呈现给用户。B/S 模式只需要安装维护服务器，客户端采用浏览器运行软件，用户通过浏览器向分布在网络上的服务器发出请求，服务器对请求处理后，返回给浏览器。

由于无线数据网络存在带宽窄、时延大、连接稳定性差等缺点，即便在 3G 时代，其稳定性和有效带宽依然比固定网络差，因此采用 B/S 模式实现的移动应用系统无疑将使这些缺点进一步成为整个系统的“瓶颈”所在。为了最大限度地减少无线数据网络的这些缺点对整个移动应用系统的影响，必须最大程度地把用户界面的显示本地化，而把相关计算放在 CPU 能力较强的服务器端执行，从而减少对无线数据网络的访问，减少数据的传输量，这样能够减少等待网络响应的时间，提高移动客户端程序的响应速度。

综上所述，移动 SNS 系统采用 C/S 模式，并采取流行的三层结构，即表示层、功能层与数据层，客户端界面和相关数据的处理都在本地完成，只有访问数据库的操作通过无线数据网络访问服务器端的程序。

考虑到移动 SNS 以后的可扩展性，除了要求跨平台外，还要做到与底层通信协议无关，因此，在高层协议上实施将比较方便。超文本传输协议(HTTP)是应用层协议，其简捷、快速的方式，适用于分布式和合作式超媒体信息系统，所以，通过 HTTP 协议来传输数据，这对于系统的通用性和扩展性有很大的方便。

目前，有效的数据交换格式有两种：二进制格式和 XML 格式。XML 是一种更复杂的数据交换格式，XML 数据格式具有自我描述的功能，服务端和客户端的开发人员无需事先预定数据的格式，只要分析 XML 数据文档即可，具有很强的灵活性，因此，本系统采用 XML 进行数据交换。

4.2.2 移动 SNS 客户端系统的架构

由需求及概述中的分析，给出移动 SNS 客户端系统的架构，如图 4.1 所示。

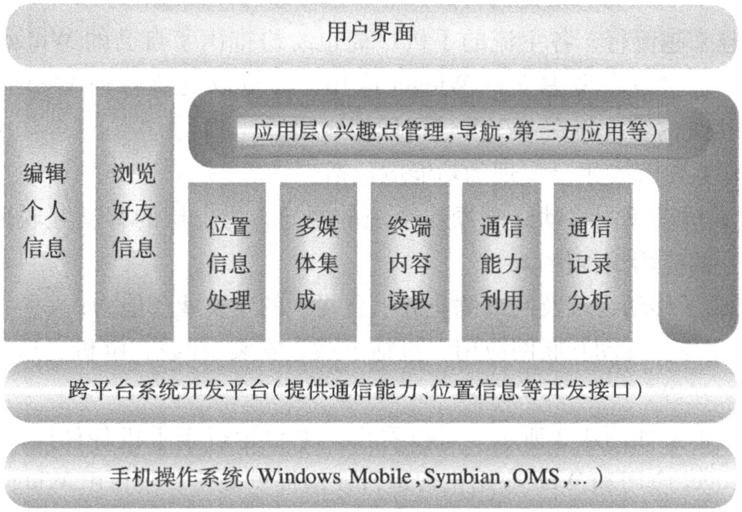

图 4.1 移动 SNS 客户端系统架构图

由于移动终端的操作系统繁多，为了更好地设计移动 SNS 客户端软件，应设计一个跨操作系统的开发平台，该平台可以向移动 SNS 客户端软件提供短信、彩信等通信能力和位置信息、多媒体播放等接口，并可以调用部分移动终端的硬件能力。

为在开发平台上提供移动 SNS 需要的应用，需要多个软件功能支撑构件，如位置信息处理构件为引导和地图呈现提供支持，多媒体集成构件为多媒体评论的发表和播放提供支持等，各构件功能将在后面作详细介绍。

基于需求分析，移动 SNS 客户端软件向用户提供的应用包括基本的 SNS 功能，如个人展示、浏览好友信息等，还包括移动 SNS 特有的基于位置信息的服务，与通信能力相结合的应用等。

用户界面则是最终呈现给用户的展现形式，并接受用户的输入。

4.2.3 跨操作系统开发平台

目前，手机操作系统种类多，差异大，缺乏开放给上层应用的有效的统一接口，导致移动终端应用开发的门槛高、周期长，终端适配工作量大，如飞信、QQ 等各种软件的移动客户端都要针对不同的品牌手机的不同型号开发不同的版本。在不同的终端平台上的用户体验也往往存在较大的差异，这些直接影响了终端应用的快速有效部署。为了提升移动互联网应用的用户体验，实现应用快速开发、部署，需要一个可以运行在多种操作系统之上的中间件平台，移动 SNS 在此平台之上开发，就可以做到一次开发，多次部署。

Widget 具备小巧、便捷的特点，非常适用于移动终端的小屏幕，因此，在手机应用中越来越流行，各主流的手机厂商也纷纷推出了自己的 Widget 引擎。本平台的设计也将重点考虑支持 Widget 应用，并可以支持各种 Web 应用。关于 Widget 的相关内容，将在 4.3 节进行详细介绍。

跨操作系统开发平台实现的功能应包括：

① 可以屏蔽不同移动终端操作系统的差异，为上层的移动互联网应用和业务提供统一的应用编程接口；

② 集成了移动终端及网络侧业务平台提供的重要业务能力；

③ 管理各种移动互联网应用，包括下载、安装/卸载、解析、运行以及与终端用户的交互等。

该平台框架如图 4.2 所示。可以看出，平台运行于手机各种操作系统之上，为上层 Widget 应用和 Web 应用正常运行使用提供支持。平台由 Widget 引擎、浏览器 UI、对外接口、核心模块和内部服务器五部分组成。

（1）系统 API 封装层

系统 API 封装层封装了移动终端操作系统所提供的系统功能 API，为上层各模块提供统一的接口。

（2）核心模块

核心模块包含了一个标准的浏览器引擎（包括 Web 核心模块和 JS 核心模块），JS Extension，Web Extension，安全管理，插件 API 和 SVG 等模块。

Widget 是采用 HTML，JavaScript 等 Web 技术开发的，因此，浏览器引擎主要用于支持各种资源文件的解析和渲染。由于 ECMA-262 的 JA 标准只定义了最基本的数据类型及对象，很难实现一些高级功能，如多媒体播放等，因此需要 JS 扩展 API 对 JS 核心模块进行扩展，把系统的 C/C + + 或者 Java 接口通过一套扩展机制转化为 JavaScript 的形式，使得可以在 JS 中直接调用系统的接口，如读取硬件信息、文件系统操作、音视频编解码等，以此新增类似 PIM、多媒体等新对象，支持对手机终端能力的访问，实现 Widget 对移动终端能力以及网络侧业务平台能力的访问；Web 扩展模块是 Web 核心模块的扩展，主要解析自定义的语言库。

安全管理模块通过对本地资源、网络侧资源访问等进行鉴权、控制、代码检测、传输非对称加密等安全操作，保证手机系统的安全稳定和用户数据安全。

插件 API 模块支持第三方插件（如多媒体播放器）加载。

SVG 为可缩放矢量图形（Scalable Vector Graphics），基于可扩展标记语言（XML），用于描述二维矢量图形的一种图形格式。本框架中的 SVG 模块支持 SVG 在手机上的应用，允许用户查看高质量的矢量图形及动画，同时，由于

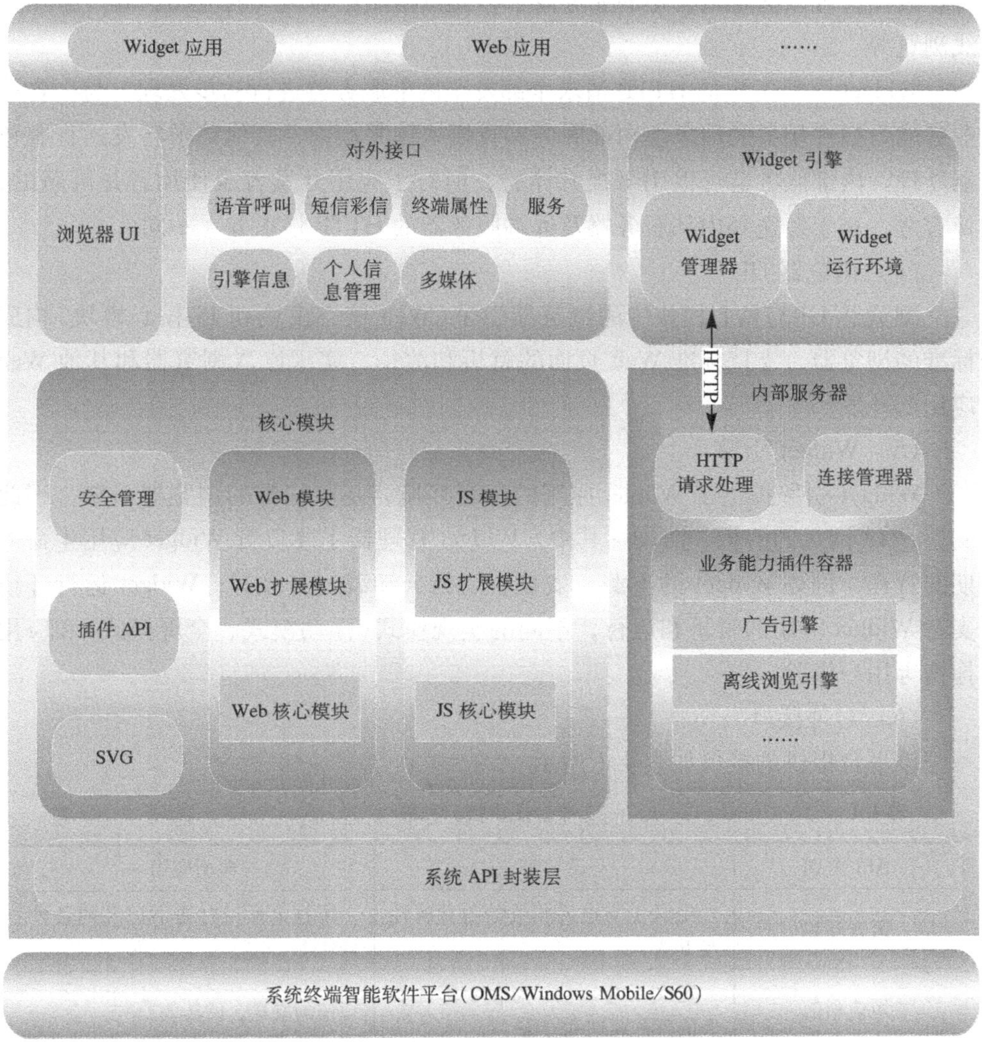

图 4.2 开发平台架构

SVG 采用文本传输，尺寸也会非常小，速度将会更快。

（3）内部服务器

考虑到无线信道不稳定及时延较大，开发平台应能够处理部分简单的 HTTP 请求，以便快捷地响应用户请求，并节省流量，因此，在平台内部包含了一个内部服务器。内部服务器包括一个轻量级的本地 Web 服务器，包括 HTTP 请求处理和连接管理器，负责处理 HTTP 请求。实际上，这样的设计也体现了 C/S 结构的设计思想。

业务能力插件容器支持第三方业务功能插件的动态加载和管理，具备良好的可扩展性，可以满足增长型的业务需求，支持功能更加强大的应用，如广告、离线浏览等。

Widget 引擎发出的 HTTP 请求全部发至内部服务器进行初步处理，与广告等业务能力插件相关的请求由内部服务器直接处理并响应，其他请求转发远程服务器处理。内部服务器可以用于提升体验，但对于应用开发者及使用者是屏蔽的，换言之，对于发送到内部服务器及远端服务器的 HTTP 请求并无不同。

（4）浏览器 UI

浏览器 UI 与核心模块中的浏览器引擎（Web 核心模块和 JS 核心模块）构成标准的浏览器，支持标准 Web 页面的解析和渲染，实现嵌入浏览器和其他 Web 应用的开发。

（5）Widget 引擎

Widget 引擎提供了 Widget 应用的运行环境，基于标准的浏览器引擎，因此支持 Web 网页的解析、渲染。其中，Widget 管理器主要负责 Widget 应用生命周期的管理，例如 Widget 的下载、安装、运行、卸载、升级等；Widget 运行环境支持 Widget 应用的解析和运行，不同的实现模式（浮动模式、全屏模式）和应用拖拽等用户体验。

（6）对外接口

该平台提供的接口如表 4.1 所示。

表 4.1　　平台提供接口列表

API 类别	说　明	典型应用
语音呼叫	定义了与电话相关的各种属性与方法	拨打电话，对通话记录的各种操作等
短信彩信	定义了与短信、彩信、邮件相关的各种属性和方法	短信的发送、阅读等
多媒体	定义了与各种多媒体操作相关的属性和方法	音视频播放、图片浏览等
引擎信息	定义了与 WidgetEngine 相关的各种操作与属性	WidgetEngine 的版本信息、升级等
个人信息管理	定义了与联系人以及日程安排相关的各种功能	联系人的编辑、日程安排编辑等
终端属性	定义手机上其他所有的相关的 API	文件系统、手机号码、IMEI 号、手机软件版本
服　务	定义了运营商专门提供的各种基础业务能力的相关操作	如位置、计费、在线状态等

4.2.4 服务能力构件

跨操作系统开发平台提供的只是定位、短信等基本能力和部分接口，为了方便实现上层各种应用，应将各种基本服务能力进行封装整合，以构件的形式供上层应用调用。下面将对各构件进行具体分析说明。

（1）位置信息处理构件

位置信息处理构件应该为各种基于位置的应用提供支持，主要对第三方地图资源提供的接口进行封装和语言转换，接口及其功能举例说明如下。

① showmap(Lat，Lng)。

功能：显示以(Lat，Lng)坐标点为中心点的地图，载入第三方地图资源，并在嵌入到客户端软件的浏览器中显示，可以完成基本的地图拖拽、放大、缩小等；如不提供(Lat，Lng)参数，则采用默认的中心点。

② showpoint(Lat，Lng)。

功能：在地图上显示指定经纬度的点；给定经纬度坐标后，若坐标在目前的地图的显示范围内，则将坐标标注出来；若在地图显示范围外，则将地图中心点变换到指定坐标处，并以一个合适的缩放比例重新显示地图。

参数说明：Lat 为指定点的经度，Lng 为指定点的纬度。

③ showline(points)。

功能：显示线条，将一组坐标点按序连成的折线条显示在地图上，并调整地图的中心点和缩放比例，使得线条可以完整地显示；并且可以调整线条的粗细和颜色等。

参数说明：points 为折线拐点的坐标数组。

④ getpoint()。

功能：取得地图上指定坐标的经纬度，用户在触摸屏上指定一点后，可以返回该点的经纬度坐标。

返回结果：指定点的经纬度坐标。

⑤ showtext(point，text)。

功能：在地图相应点上显示对应文字信息，在地图指定经纬度点的周围显示一个文字框，里面显示该点对应的文字信息，如评价、备注等，并将文字框指向该点。

参数说明：point 为指定点经纬度坐标，text 为要显示的文字信息。

（2）多媒体集成构件

多媒体集成构件应该为移动 SNS 中所涉及的多媒体应用提供支持，接口及其功能举例说明如下。

① uploadmulmedia(type, route)。

功能：上传图片、视频等多媒体文件至个人多媒体文件夹，上传的多媒体文件既以是保存在手机文件夹中的，也可以直接提取摄像头拍摄的内容。

参数说明：type 指定了上传的文件类型，0 为从手机文件夹中提取，1 为从摄像头提取；route 为文件在手机中的保存路径。

返回结果：上传是否成功。

② downloadmulmedia(route)。

功能：下载图片、视频等多媒体文件至指定目录。

参数说明：route 为下载指定的路径。

③ playmedia()。

功能：播放音视频，分为三种情况：

- 将文件下载到手机指定目录下，调用手机播放器进行播放，此种适用于多媒体文件比较小的情况；
- 直接启动播放器进行播放，适用于多媒体文件比较大的情况；
- 下载 flashlite 插件启动浏览器进行播放，主要用于 FLV 格式的文件播放。

④ uploadrtmeida()

功能：实时音视频上传，如由摄像头和话筒采集音视频信息，通过客户端软件进行编码压缩，采用 RTP 协议上传至流媒体服务器进行处理播放。

⑤ playrtmedia(url)

功能：播放实时多媒体文件，在浏览器页面内嵌 mediaplayer 或类似播放器，将播放地址指向媒体服务器相应路径，即可播放。

参数说明：url 为实时视频流地址。

(3) 终端内容读写构件

终端内容读写构件应为移动 SNS 中使用到用户本机信息的应用提供支持。因为涉及用户隐私，所以在使用时需征得用户同意。接口及功能举例说明如下。

① getmessages()。

功能：读取用户手机中的短信、彩信。

② getcalllog()。

功能：读取用户手机的通信记录。

③ getcontact()。

功能：读取用户手机的通信录。

④ renewcontact(name, item, newcontent)

功能：更新用户手机通信录，如修改通信录中记录的电话、办公地址等。

参数说明：name 为需要更新的好友姓名，item 为需要更新的项目名称数组，

newcontent 为对应 item 数组的需要更新的内容。

返回结果：更新成功或失败。

(4) 通信能力利用构件

通信能力利用构件应为移动 SNS 结合通信能力的应用提供支持，接口及功能举例说明如下。

① sendmessages(name，content)。

功能：用户向好友发送短信或者彩信，调用开发平台提供的 Messaging 类接口，向好友在移动 SNS 资料中的手机号发送短信或者彩信。

参数说明：name 为用户需要发送短信的好友姓名数组，如果 name 有多个姓名，则为群发短信；content 为要发送的短信内容。

返回结果：发送成功或失败。

② callFriend(name)。

功能：用户与好友进行通话，调用开发。平台提供的 Telephony 类接口，与好友在移动 SNS 资料中的手机号进行通话。

参数说明：name 为要呼叫的好友姓名。

③ pushmessages(uid，content)。

功能：系统向用户推送短信或者彩信。

参数说明：uid 为用户在系统的 id，或者可采用手机号代替；content 为推送内容。

返回结果：推送成功或失败。

(5) 通信记录分析构件

通信记录分析构件利用 4.2.4(3)终端内容读写构件中的部分接口，取得用户通信记录等内容后进行初步分析，将数据提交服务器后由用户行为分析(见 5.2 节)等模块进行进一步的统计分析。接口及功能举例说明如下。

① getdata(period)。

功能：按照用户设定的周期，定期调用 getcalllog()接口，读取用户通信记录。

参数说明：period 为用户设定的周期。

返回结果：用户近期通信记录。

流程图如图 4.3 所示。

② analysis(data)。

功能：根据 getdata(period)返回的数据进行分析，将初步结果提交服务器进行进一步的整合。

参数说明：data 为待分析数据。

流程图如图 4.4 所示。

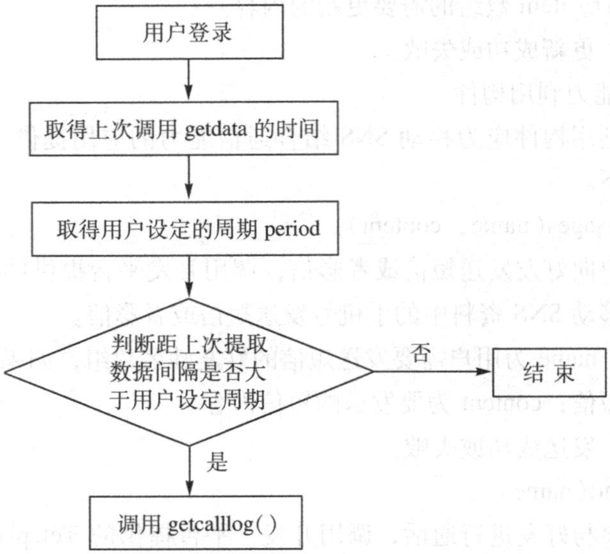

图 4.3 getdata( )流程图

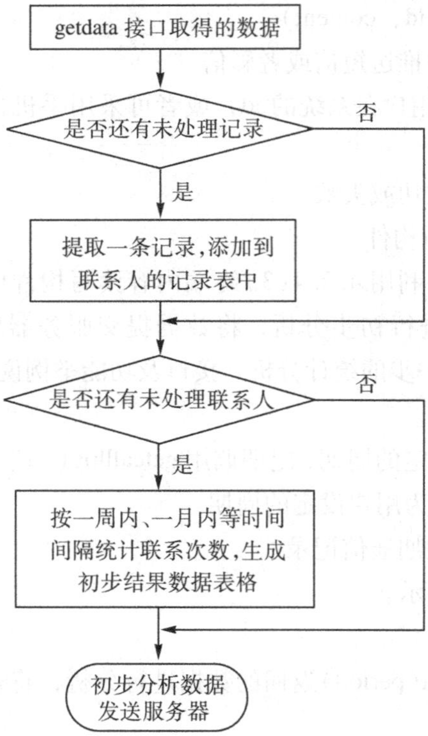

图 4.4 analysis(data)流程图

（6）移动客户端应用

移动 SNS 的应用包括传统 SNS 的各项应用及有 SNS 特色的应用，这其中又包括移动 SNS 特有的应用和传统 SNS 应用在移动终端的特点能力下更为丰富的功能。传统应用在各种 SNS 中非常常见，因此本节只讨论移动 SNS 的特色应用。

移动 SNS 由于终端的移动性，以及手机终端原有的通信能力，可以结合生成很多新的应用，而这些应用也正是移动 SNS 区别于传统 SNS 及 SNS 手机版的特色。具体应用说明及实现方法如下。

① 基于位置信息的应用。

• 显示个人位置：通过调用终端的 GPS 定位模块或者开发平台的服务接口类中位置的相关接口，取得当前位置的经纬度坐标，调用位置信息处理构件提供的 showpoint(Lat，Lng)接口，即可在地图上显示出当前位置。

两种获取坐标的方法比较：调用 GPS 模块进行定位需要终端有可以进行 GPS 定位的硬件设备，而由开发平台提供位置信息则不需要；但是开发平台采用基站定位，其精确度比 GPS 定位略低。

• 在授权的情况下显示好友位置：用户选中希望获得其位置信息的好友传送到服务器，服务器查询数据库信息，如未取得好友授权，询问用户是否向好友索取授权；在好友已授权的情况下，将好友的位置坐标返回客户端；调用位置信息处理构件的 showpoint(Lat，Lng)接口，即可显示出好友位置。消息序列图如图 4.5 所示。

• 推荐导航(直接调用地图信息进行导航)：用户在地图上选取两点，或者选取一点，另一点为自己当前位置，请求移动 SNS 提供一个快捷的路线。应用模块调用位置信息处理构件中取得指定点经纬度坐标接口，获得用户选定点的坐标，或者调用相应接口取得用户当前位置经纬度坐标，以此为起始点，调用第三方地图资源提供的 API 获得导航路线，调用位置信息处理构件中显示线条接口将导航路线显示在地图上。

• 好友间导航(由好友引导路线)：用户请求好友根据自己当前位置及希望到达的目的地画一条路线，并显示于自己正在使用的终端。

• 在地图上显示、添加、搜索如餐馆、商场等兴趣点信息：调用位置信息处理构件中的 getpiont( )接口，获取用户选定点的经纬度坐标，提示用户输入对该点的分类、评价等信息后，一同添加到兴趣点数据库中；调用位置信息处理构件的 showpoint(Lat，Lng)和 showtext(point，text)的接口将兴趣点及其评价显示在地图相应位置；用户可以搜索自己的兴趣点或者好友的兴趣点。

• 建立群组时，除传统的按照兴趣等划分，还可以按照位置，如同一个小区、同一个写字楼等。

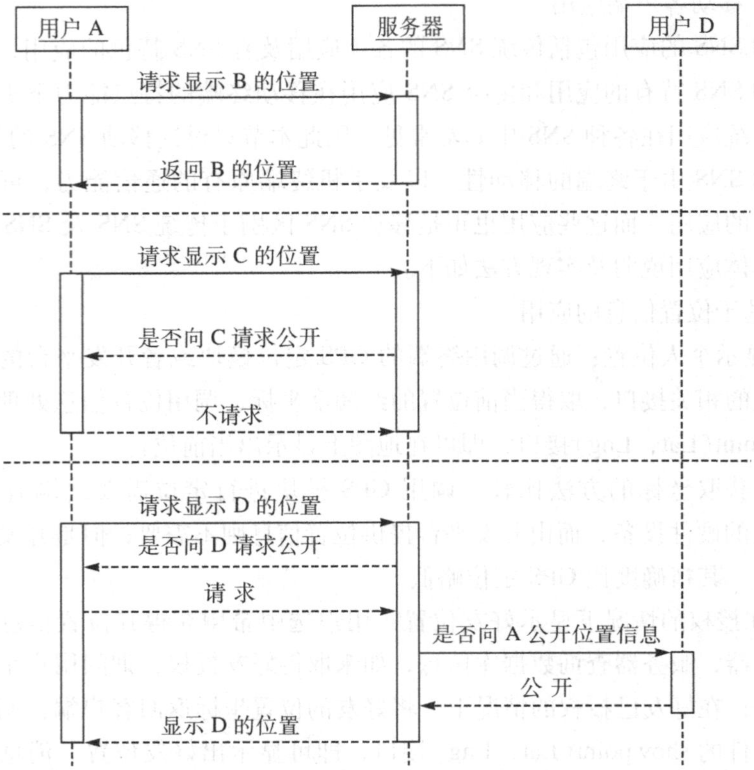

图 4.5　显示好友位置应用消息序列图

② 与通信能力相结合的应用。

- 推送用户定制信息：用户可以设定感兴趣的事件，如某个好友的动态、好友对自己日志照片的评论等，事件发生时，采用系统消息或者站内信的形式向用户进行推送；若用户设定了不在线时采用短信方式推送，则调用 pushmessages (uid，content)向用户资料中的手机号进行推送，并将该事件对应的系统消息提醒设置为已读；系统还可以通过用户自己填写的兴趣爱好或分析用户行为，用类似流程推送广告等信息。流程图如图 4.6 所示。

- 用户在登录移动 SNS 时，向移动 SNS 的好友发送短信彩信等，调用通信能力构件的 sendmessages(name，content)接口，向好友在移动 SNS 登记的手机号发送短信。

- 用户登录移动 SNS 时与好友进行通话，若用户手机在线，则调用通信能力接口拨打用户在移动 SNS 登记的手机号码。若用户电脑在线，则需判断好友的在线状态，若好友电脑在线，则直接通过移动 SNS 进行在线语音；若好友不在线或手机在线，则通过移动 SNS 平台呼叫用户手机号码。简单流程图如图 4.7 所示。

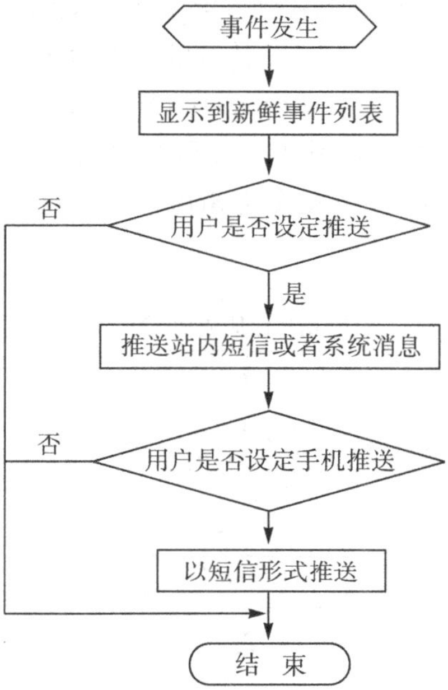

图 4.6 推送信息应用流程图

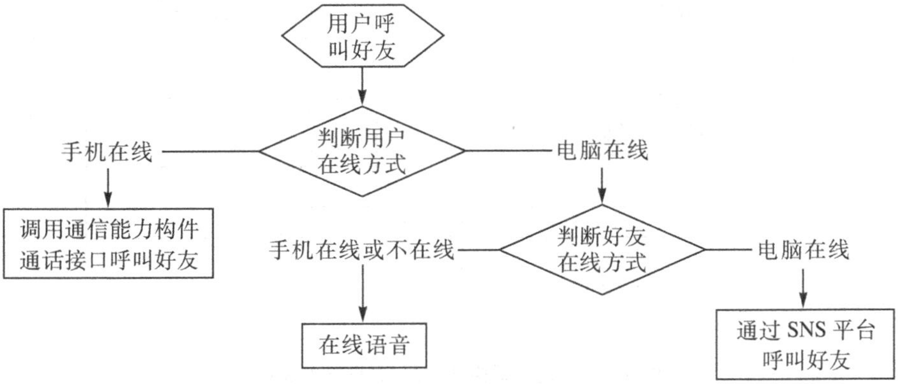

图 4.7 与好友通话流程图

③ 手机视频应用。

用户通过手机摄像头采集视频信息并实时上传，用户在线好友可以在线观看并发表评论。

④ 手机存储信息应用。

在用户允许的情况下，移动 SNS 可以读取用户手机中的通信录及通话记录，分析记录，生成新的应用。

- 注册成为移动 SNS 用户后，调用 getcontact( ) 获得通信录中联系人手机号码，若手机通信录中号码已注册为移动 SNS 用户，则默认为好友或推荐为好友。

- 邀请好友加入移动 SNS 时，除传统的导入 QQ，MSN，Gmail 等好友列表并发送消息信件外，还可以调用 getcontact( )导入手机通信录中的号码，并调用通信能力构件中的短信接口，向其中未注册为移动 SNS 用户的好友手机号码发送短信或者服务消息，邀请其加入移动 SNS。以上两个应用合并的流程图如图 4.8 所示。

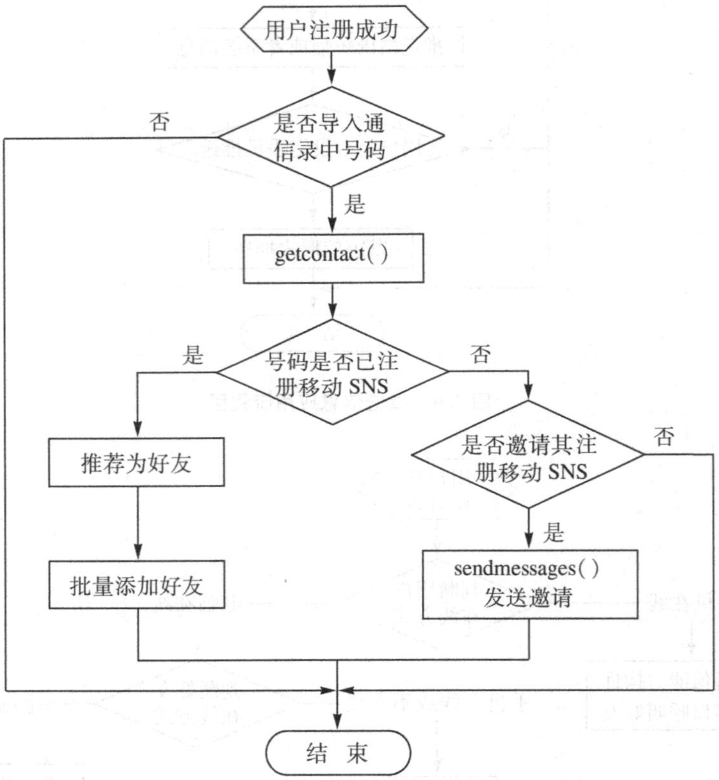

图 4.8　通过手机推荐好友/邀请好友流程图

- 调用终端内容读写构件 getmessages( )，读取本机短信。
- 通过调用 analysis(data)接口分析通信记录，推荐该用户近期联系频繁的用户为好友。
- 手机通信录可以与移动 SNS 的好友信息进行同步，调用 renewcontact (name，item，newcontent)更新手机号码之类的信息或者备份通信录。流程图如图 4.9 所示。同步通信功能将用户的通信录同时保存到手机和移动 SNS 器，这种方法可以让用户在手机通信录无法打开时，通过移动 SNS 获取通信录；而当移动 SNS 平台失效时，用户又可以通过手机获取通信录。

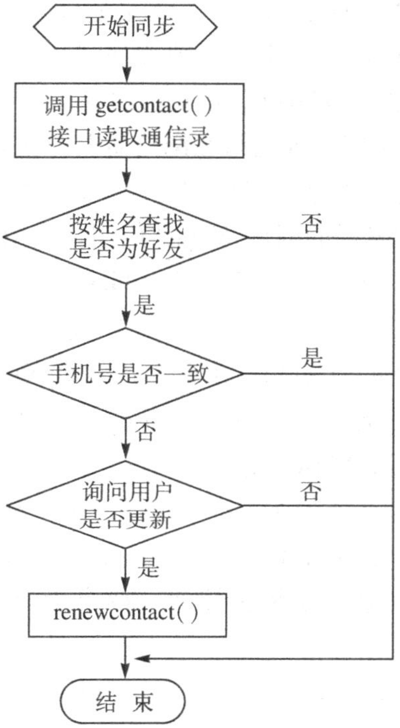

图 4.9　同步通信录流程图

4.3　Widget

4.3.1　Widget 及移动 Widget 综述

Widget(微技)是目前非常热门的一种基于浏览器技术的 Web 应用，是基于成熟的互联网技术(如 Ajax)的轻量级应用程序。用户通过手机 Widget 可以很快地访问移动互联网业务，同时获得良好的用户体验。

(1) 基本情况

Widget 是一种基于互联网 Web 的小应用，通常实现某种特定的功能，每一个 Widget 都是面向具体的轻量级的任务，本质上是若干特殊的网页的组合。Widget 一般不需要编译，在 Widget 运行的时候，由浏览器或者 Widget 引擎进行解析和运行，与用户的操作系统是没有关系的。Widget 引擎或者浏览器在这个时候充当一个中间件的角色，为 Widget 提供一种运行的环境。

Widget 一般有三种形式。

① 桌面 Widget：桌面 Widget 运行在 PC 电脑桌面上，用户运行桌面 Widget

应用首先需要一个桌面 Widget 引擎。在安装完 Widget 引擎后，用户就可以在桌面上运行各种各样的 Widget 应用了。典型的桌面 Widget 有 Yahoo Widget，Google 桌面 Gadget，苹果 Dashboard，鱼鱼桌面等。

② 网页 Widget：网页 Widget 运行在浏览器上，它的运行环境和引擎就是浏览器。用户只需要在浏览器上进入提供网页 Widget 服务的地址，就可以使用相关服务，灵活地添加各式各样的网页 Widget 应用。典型的网页 Widget 有 Google 的 iGoogle 服务，Facebook 的应用组件，Netvibies 等。

③ 移动 Widget：移动 Widget 运行在手机终端上，它在运行时一般需要在手机终端上安装一个移动 Widget 引擎。在安装完移动 Widget 引擎后，用户就可以通过 Widget 下载器，下载各式各样的移动 Widget 应用并进行使用了。典型的移动 Widget 有 Nokia 的威信（Widset）等。

Widget 通常可以分为直接在浏览器中运行的 Widget 和独立于浏览器运行的 Widget，它的显示和运行通常需要引擎支持。在浏览器中运行的 Widget 的解析引擎就是浏览器本身，而独立于浏览器运行的桌面 Widget 需要单独开发一个 Widget 引擎。

典型的 Widget 应用采用 XML 为组织格式，内嵌 JavaScript，接受用户的输入，利用 Ajax 技术和远程服务器进行交互，对返回的信息进行处理后展现给用户。Widget 应用可由第三方自行开发，利用 Widget 引擎提供的 API，编写符合引擎定义的应用，才能被引擎识别，进而正确加载和运行。

从 Widget 的形式及本质来看，Widget 具有小巧轻便、易于开发、与操作系统耦合度低、功能完整等特点；而移动 Widget 由于其运行于移动终端上，还具有如下特性。

- 通过移动 Widget 实现个性化的用户界面，轻而易举地让每部手机都变得独一无二。
- 实现很多适合移动场景的应用，如与环境相关、与位置相关的 Web 应用。
- 特定的服务和内容使得用户更加容易获得有用信息，减少流量，避免冗余的数据传输带来的额外流量。
- 发布手机广告的很好途径。

目前，移动 Widget 与 PC 版 Widget 在技术层面的差异正逐渐缩小。移动 Widget 运行环境同样为上层开发者提供了统一的 API 接口、UI 库以及开发工具 SDK，使开发出的 Widget 具备了跨 PC 和手机操作系统的运行能力。

（2）标准化及应用情况

2008 年，移动 Widget 技术逐渐被移动终端厂商所接受，成为终端业务与内容服务的载体之一。诺基亚正式推出了机遇 Symbian S60 手机操作系统的 Widget

运行环境 WRT(Web Run Time)，开始大力推广手机 Widget 的开发与应用；三星等公司在 Windows Mobile 手机上也开发出了手机 Widget 应用，并在用户默认的手机待机界面进行呈现。在浏览器厂商中，Opera，Access 等公司相继推出了基于自身手机浏览器的 Widget 引擎及应用。在运营商中，2008 年，中国移动、软银和沃达丰成立的联合创新实验室(JIL)，共同定义了 JIL(Joint Innovation Lab) Widget 规范，包括 Widget 格式、Widget API 规范、Widget 应用安全机制等，目前正在全力推进手机 Widget 技术及相关应用的研究、发展、国际标准化与推广。

目前，互联网联盟(W3C)正在起草移动 Widget 的相关技术规范，参与者包括终端厂商、系统软件提供商及运营商。对于移动 Widget 的格式、安全、效率等多方面进行了规范。厂商自身也在制定相应的企业标准和行业标准，这将促进移动 Widget 的全面推广。

4.3.2 Widget 相关技术

（1）Widget 技术原理和开发示例

不同于一般的桌面软件，Widget 开发使用的是 HTML + CSS + JavaScript(或 XML + JavaScript)，这和网页技术如出一辙。而 Widget 相对网页的优势在于，不需要打开浏览器，经过搜寻下载等过程，悬浮在桌面上的 Widget 就可以获取到各地时间、气象、实时汇率等信息。

Widget 开发的技术门槛较低，但要成功地发一个好的 Widget，则应具备如下几点。

- 熟练使用 HTML 开发静态网页；
- 熟练运用 CSS 定制各种网页样式；
- 熟练运用 JavaScript 开发动态网页；
- 熟悉各种图像格式及其区别；
- 熟练运用图像处理工具(如 Adobe Photoshop，Macromedia Fireworks 等)制作精美图片；
- 拥有良好的美感，善于优化网页、图片的样式及配色，以获得更好的显示效果和用户体验。

常用的开发工具有：

- 文本编辑器：Notepad，UtraEdit，SourceInsight 等；
- 网页编辑器：MS Frontpage，Macromedia Dreamweaver 等；
- 图片处理工具：Adobe Photoshop，Macromedia Fireworks 等。

运行于常见 Widget 引擎之上的 Widget 应用通常具有以下元素：

- HTML 文件：Widget 主页，即整个 Widget 的首页面，通常与 Widget 同名；

- CSS 文件：页面样式文件，通常放置于以 . css 为扩展名的单独文件中；
- JavaScript 脚本文件：动态页面所需的 JavaScript 脚本；
- Icon：放置于 Widget 列表上的图标，通常大小为 64 × 64；
- Images：Widget 页面所用图片文件，通常放置于 img 目录下，Widget 可以使用 . gif，. png，. jpg 格式的文件。

由此可见，Widget 的强大之处在于通过 JS 扩展，还可以用 Widget 来调用本地的能力以及系统的接口，比如，实现显示 CPU 占用率的 Widget、音乐随身听 Widget、视频播放 Widget 等。

编写 Widget 的推荐步骤如下：

- 构建出整体框架；
- 针对每一个页面先建立好对应的 html，css 与 js 空文件；
- 在 html 中填写好 css 与 js 的关联；
- 添加事件并在 js 文件中写对应的事件处理函数。

每完成一个关键步骤，即应立刻进行测试。由于 Widget 的开发没有 debug 环境，因此，这样有条理的边开发边调试往往能够节省大量的开发时间。

下面以一个简单的 HelloWorld 的例子对开发过程加以说明。例子程序中以蓝色字体显示“HelloWorld”，当鼠标移动到文字上时，字体变为红色；鼠标移出后，字体又恢复蓝色。

首先创建应用目录 HelloWorld. wgt，接着新建一个 HTML 文件，可以使用 Microsoft Frontpage，Macromedia Dreamweaver 或者记事本开发静态页面，并保存为 helloworld. html。

然后再使用文本编辑器或 Microsoft Frontpage，Macromedia Dreamweaver 开发 CSS 文件，内容如下。

```
#hello
{
    color：blue
}
```

CSS 中可以根据 html 文件中的 id 名称对每一个元素属性进行设定，如此处即指明了 id 为 hello 的 h1 项初始颜色为蓝色，将此文件保存为 helloworld. css。

最后，使用写字板或 SourceInsight 开发 helloworld. js 文件，写入对应 html 事件处理的函数体，如 setRedColor 和 setBlueColor 函数功能分别是设置 html 中 id 为 hello 的元素颜色为红色和蓝色。

至此，整个程序部分就完成了，在浏览器中打开 helloworld. html，将鼠标移到 HelloWorld 上，可以看到字体变为红色；鼠标移出后，字体变回蓝色。

然而，这只是一个网页，还并不是一个完整的 Widget，还需要一个 config. xml 的入口文件，其中含有此部分 Widget 的属性和这个 Widget 的访问权限的设定。将文件中需要的属性填写完成，并将此 HelloWorld. wgt 文件夹打包成名为 HelloWorld. wgt 的 zip 包。至此，一个可在平台上运行的 Mobile Widget 就完成了，在安装了平台的移动终端上点击此 HelloWorld. wgt，即可自动安装。

（2） Widget 引擎中的 JavaScript 扩展技术

在桌面 Widget 平台与移动 Widget 平台中，和标准的浏览器一样，Widget 通过 JavaScript 来获得动态访问资源的能力。但与在标准浏览器上运行的 JavaScript 不同的是，移动 Widget 中的 JavaScript 除了能够提供基本能力外，还要能够提供访问系统平台的能力，如获得电源的状态、无线网络的状态、访问地址簿、发送短信等。这种访问系统平台的能力，在很大程度上扩展了 Widget 的应用范围。JavaScript 扩展使用 NPAPI 实现。

① NPAPI。

NPAPI 的全称为 Netscape Plugin Application Programming Interface，它源自 Netscape plugin，最初是由 Adobe 的 Acrobat 部门和 Netscape 合作，为了在 Netscape 上显示 PDF 文档而开发的一种插件系统。到目前，虽然 Netscape Navigator 浏览器已经鲜有用户群，但 Netscape plugin 却已经成为绝大多数浏览器都支持的跨平台插件标准，其中最常见的 Netscape plugin 就是 Flash。

NPAPI 是一个经典的插件方案，用 dll(Windows)或 so(Linux)进行注入，用协定的 API 进行通信，用字符串描述插件能力。到后来，经过长期修正，并由 Mozilla 牵头增加了新的 npruntime 脚本 API 来使插件支持在网页中使用 JavaScript 脚本交互，NPAPI 的功能日趋完善。事实上，通过 npruntime 脚本 API 就可以灵活做到 JavaScript 对象的访问和扩展，而实现这一功能与三个 NPAPI 对象关系密切：NPVariant，NPObject 和 NPClass。

NPVariant 的作用在于处理 JavaScript 这种弱类型语言中定义的变量，变量在声明时不用定义类型，而在被使用时由 JS 解释器检查其数据。这一数据是一个结构体，包括了 JavaScript 变量的类型和值。根据 JavaScript 的特征，NPAPI 定义了如下类型：

NPAPI	JavaScript
void	underfined
null	null
boolean	boolean
int32	number

double	----------------------------	number
string	----------------------------	string
object	----------------------------	object

NPObject 是 NPVariant 中最复杂的一种，它包括了所有无法用基本类型描述的其他类型。NPObject 也是一个结构体，包括了一个 NPClass 和一个整形数。NPClass 用于定义该 NPObject 的行为，比如 NPObject 包含哪些属性和方法、NPObject 对象在其属性和方法被调用时作何处理等；整形数用于控制 NPObject 的生命周期。

NPClass 用于定义该 NPObject 的行为，它是由多个函数指针构成的结构体，比较重要的几个函数指针及其功能如下：

NPAPI 的函数指针	功　能
NPAllocateFunctionPtr	如何生成 NPObjct
NPHasMethodFunctionPtr	判断 NPObject 中是否含有某方法
NPInvokeFunctionPtr	调用 NPObject 中某方法的具体实现
NPHasPropertyFunctionPtr	判断 NPObject 中是否含有某属性
NPGetPropertyFunctionPtr	得到 NPObject 中的某属性值
NPSetPropertyFuntionPtr	设置 NPObject 中的某属性值

② JavaScript 扩展流程。

使用 NPAPI 可以实现 JavaScript 扩展，但这种扩展方式复杂度不高、使用灵活，而且 NPAPI 的特性让 JavaScript 扩展代码有比较好的可移植性。JS 扩展流程分为六步，可以用图 4. 10 来概括。

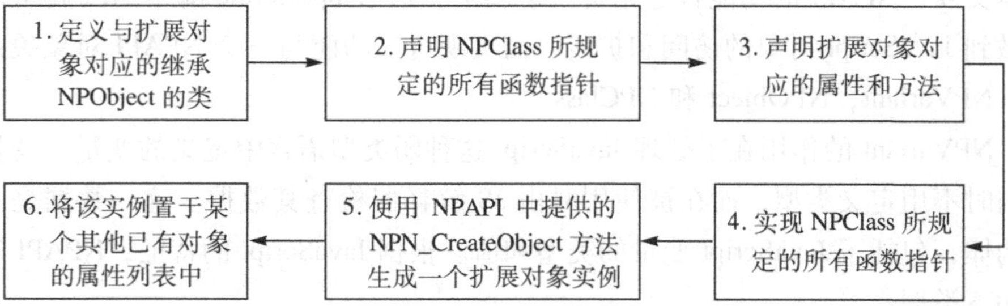

图 4. 10　JS 扩展流程

在这六步中，步骤 1，2，5，6 都是固定不变的，而 3，4 针对不同的扩展对象其实现内容不一样，但实现方法一致。总的来说，扩展一个 JavaScript 对象需要做的事情包括：一是扩展对象的名字，在流程图的第 5 步，使用 NPN_ CreateObject 方法生成扩展对象实例时，就可以指定扩展对象的名字；二是扩展对象的位置，在流程图的第 6 步，将实例放置在哪个已有对象的属性列表中，那么扩展对象就能以已有对象的属性方式被调用，比如将扩展对象 file 放置于 window 对象中，那么 file 对象就能以 window. file 方式调用（在这里，“window.” 可以省略，因为 window 对象是全局对象）；三是扩展对象哪些可以访问的属性和方法，这是流程图的第 3 完成的事情；四是扩展对象的属性被访问（既可能是 set 属性，也可能是 get 属性）或者方法被调用时，如何通过 NPAPI 来进行内部处理，这就是流程图的第 4 步要完成的事情。

声明扩展对象的属性和方法需要考虑两条原则：一是能快速遍历；二是能方便地访问其中任何一个元素。因此，数组是一个很好的选择。

③ 几个主要函数的实现。

- NPHasMethodFunctionPtr：传入参数为方法名（即在 JavaScript 代码中被调用的扩展对象的方法名），遍历 MethodIdentifiers 数组，若能找到对应的方法，则返回 true，否则返回 false。
- NPInovkeFunctionPtr：传入参数为方法名（即在 JavaScript 代码中被调用的扩展对象的方法名）和方法对应的参数列表，调用对应方法的具体实现。
- NPHasPropertyFunctionPtr：传入参数为属性名（即在 JavaScript 代码中被调用的扩展对象的属性名），遍历 PropertyIdentifiers 数组，若能找到对应的属性，则返回 true，否则返回 false。
- NPSetPropertyFunctionPtr：传入参数为属性名（即在 JavaScript 代码中被调用的扩展对象的属性名）和属性的 set 值，将该值保存在与该属性对应的内部变量名下。
- NPGetPropertyFuntionPtr：传入参数为属性名（即在 JavaScript 代码中被调用的扩展对象的属性名），将该属性对应的内部变量值返回。

JavaScript 扩展技术是 Widget 引擎实现访问终端本地资源的重要手段。通过 JavaScript 扩展技术，Widget 的能力和应用范围都有了重大的提升。移动 Widget 引擎通过对终端能力的发现和调用的支持，使之成为一种全新的终端平台能力的展现方式。

（2） Widget 管理器设计

Widget 管理器主要负责 Widget 应用生命周期的管理，如 Widget 的下载、安装、运行、卸载、升级等。

① Widget 管理器功能设计。

Widget 管理器为用户提供了对 Widget 生命周期进行管理的统一入口。功能包括：

- 用户提交自己开发的 Widget；

- 将服务器侧已经存在的Widget分类以图表或者列表的方式展现给用户；
- 用户选择感兴趣的Widget下载、安装、运行，并可以卸载删除；
- 采用Tab页的形式向用户展示已经安装在终端的Widget。

② 界面设计。

从用户角度及Widget特点，提出如下Widget管理器界面设计纲要：

- 能够兼顾新手用户和熟练用户的使用习惯；
- 用户能够脱离用户手册进行操作；
- 用户进行的操作应该能够得到反馈；
- 主菜单的分类方法应该让用户易于理解；
- 能够支持多任务(并行操作，后台运行)；
- 最常用的功能应该是最容易进入的(目录排列、快捷方式以及物理键)；
- 最大程度地为用户提供丰富的体验。

③ 应用展示设计。

Widget各应用彼此独立，但是在呈现方式上，Widget管理器应提供一些通用的展示能力，以达到良好的用户体验。

一般的Widget展示模式有三种，分别为图标模式、浮动模式和全屏模式。

图标模式的Widget表示为一个静态图标，可用于在Widget管理器中作展示，让用户能够有一个直观的感觉，能够第一眼感受到Widget的功能。同时，当Widget安装成功后，在手机的应用程序主菜单中，也会以图标的形式展示该Widget，用户可以通过点击来启动Widget运行。

浮动模式的Widget将运行在屏幕部分区域内。在屏幕下方，提供Dock条，Dock向用户展示了各种Widget图标，用户可以从Dock条中选择希望运行的Widget，将图标向上拖拽到浮动区域，即可使Widget运行在浮动模式下。浮动模式下的Widget只展示一些关键的信息，如天气Widget在浮动模式下只显示温度情况。

当用户点击运行在浮动模式下的Widget时，Widget将被切换到全屏模式，即占满整个手机屏幕。全屏模式下的Widget能够呈现出更详细和丰富的信息。

(3) 移动Widget应用测试

移动Widget应用作为一种新型的应用形式，其测试也与传统的终端应用软件测试有不同之处。传统终端应用软件测试的一些测试流程同样适用于移动Widget应用测试，如测试需求分析、测试计划的制定、测试案例的撰写、测试执行和测试报告等环节，对于一个完备的Widget应用测试都是必不可少的。但是，移动Widget应用测试内容和方法却与传统终端软件测试的内容和方法存在一定的差异。Widget作为一种新的应用方式，介于传统终端应用和网页应用两者之间，因此，Widget应用测试相对于传统终端应用测试，引入了一些网页测试内容及方法。

Widget应用测试与Widget隐形环境的测试是相辅相成的，Widget的运行依赖于特定的Widget运行平台，Widget应用的测试也需要建立在Widget运行环境测试的基础之上。Widget应用测试借鉴了传统终端应用测试以及网页测试，结合自身特点，测试内容主要包括Widget代码检查、功能测试、性能测试、可用性测试和安全性测试等。

① Widget代码检查。

Widget代码检查是Widget应用测试的主要特点之一。这源于Widget代码是文本的缘故。代码检查至少需要包括四点：一是Widget格式检查，检验被测Widget应用是否符合Widget运行环境所支持的打包格式；二是HTML格式检查，针对W3C规范，对Widget中的HTML进行规则检查，找出语法错误或警告；三是CSS格式检查，与HTML格式检查类似，基于W3C规范检查CSS文件的语法；四是链接检查，它分为三个方面：测试所有链接是否按照指示的那样确实链接到了指定的页面，测试链接的页面是否存在，测试有没有孤立的页面。

② 功能测试。

功能测试与传统终端应用的功能测试类似，需要对Widget应用提供的业务进行业务逻辑的验证，保证基本功能已经实现，除此之外Widget应用的功能测试还应包括两点非常重要的环节，JS扩展功能验证以及业务能力接口测试。JS扩展是指为了实现Widget业务逻辑，而在Widget运行环境JS层所作的API扩展；业务能力接口是指Widget运行环境service container所提供的业务能力接口。这两种测试的目的都是为了进一步保证业务逻辑的实现。

③ 性能测试。

如前文所述，性能测试是Widget应用测试中最重要的环节之一，其目的是在脚本语言执行效率较低这一固有特性之外，尽力挖掘Widget应用中影响性能表现的方面，为Widget应用优化提供依据。传统意义上的性能测试主要包含应用的执行速度(响应时间)、资源占用和网络带宽等方面，而这些同样适用于Widget应用。除此之外，界面响应速度在这里是指用户触发某一操作之后，应用响应完成的速度。界面响应速度取决于应用与平台交互时间、JavaScript逻辑处理时间以及页面展示时间。JavaScript逻辑处理时间与JavaScript脚本的编码效率有关，改善数据结构及算法，可以有效地减少逻辑处理时间；页面展示时间则与网页编程方法相关，采取优化的编程方法，如合理地对JavaScript文件进行合并等，即可有效地减少页面展示时间。

④ 可用性测试。

可用性测试主要测试 Widget 应用界面是否可以按照预定设计使用。可用性测试主要包括导航测试、图形测试、内容测试和整体界面测试。这部分测试既可以通过设计好的 UI Spec 来进行测试，也可以参考网页应用的测试标准来测试。如导航测试主要测试导航是否直观、准确以及应用系统的页面结构风格是否一致；图形测试主要测试应用中所有字体风格的一致性、背景颜色和前景颜色的协调性、图片的大小和质量等。

⑤ 安全性测试。

安全性测试主要是检查代码中是否含有 JavaScript 恶意代码以及恶意链接，从而保证 Widget 应用环境以及手机终端的安全。除此之外，安全性测试还包括对认证鉴权的测试支撑，根据预设的 API 能力集，来检测 Widget 应用是否调用了非法 API。

⑥ 其他。

除以上测试外，兼容性测试和稳定性测试对于 Widget 应用同样十分重要。需要特别解释一下兼容性测试，兼容性测试的一个主要方面是 Widget 应用是否可在不同 Widget 运行环境之上运行。不过目前的 Widget 运行环境之间很少互相兼容，因此，兼容性测试可能无法进行，然而随着业界 Widget 标准的制定以及 Widget 行业的日益成熟，兼容性测试必定会被提上日程。

4.3.3 移动 Widget 业务

（1）概念及特点

移动 Widget 业务是一种基于“移动 Widget 应用”进行展示的数据业务，既可作为移动数据业务新的业务形态，也可作为现有移动数据业务的展示通道（如 Widget 版手机证券）。用户应当可以通过多种渠道（如 Widget 业务平台、Web 站点等）主动下载 Widget 应用到用户终端，安装后，可独立运行于 Widget 引擎之上。

移动 Widget 业务应具有如下特点。

① 支持多种下载方式。Widget 业务支持用户通过多种方式下载 Widget 应用，包括 Widget 下载器、WAP 门户器、WWW 门户等，Widget 应用下载后，自动完成安装过程。

② 支持多种 Widget 格式。Widget 业务支持多种格式的 Widget 应用，如中国移动的 JIL Widget，Nokia Widget 以及 Opera Widget。用户要使用相应格式的 Widget 业务，必须在手机终端上安装相应的 Widget 引擎，Widget 引擎可以预装或通过 WAP 或 WWW 方式下载安装。

③ 支持 Widget 引擎和 Widget 应用的自动升级。Widget 业务平台支持 Widget 引擎和 Widget 应用的版本升级，支持人工和自动检测 Widget 应用新版本，并提示用户进行版本升级。

④ 集成运营商网络侧能力。Widget 业务平台封装运营商网络侧能力(如 LBS 等)，并提供给 Widget 业务。Widget 业务通过将终端的移动通信能力与运营商网络侧能力相结合，使其具有明显的移动互联网特色。

⑤ 灵活的计费方式。Widget 业务计费方式灵活，分为 Widget 应用下载计费和 Widget 业务内容使用计费。

Widget 应用下载计费是用户下载 Widget 应用时收取的信息费，Widget 应用下载计费支持免费或按次下载计费。

Widget 业务内容使用计费是指用户利用 Widget 进行信息浏览或内容文件下载时收入的信息费，Widget 业务内容使用计费支持包月账期计费、包月首次使用计费、按次计费、免费等计费模式。

(2) 业务类型

Widget 业务根据不同的分类标准，可划分为不同的类型，如图 4.11 所示。

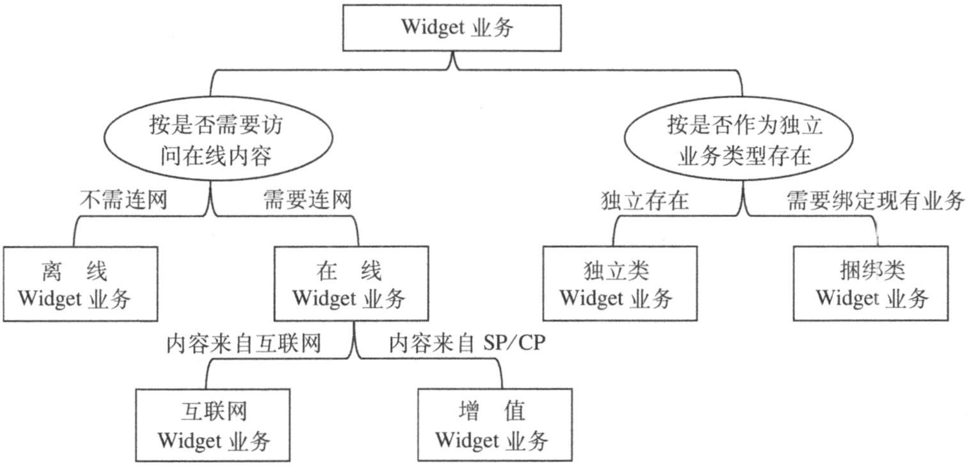

图 4.11 Widget 业务分类

按照 Widget 业务是否需要访问在线内容，可分为以下类型：

① 离线 Widget 业务：使用时不需要连接网络，也不需要与服务器进行信息交互(如时钟、离线游戏等)；

② 在线 Widget 业务：使用时需要连接网络，并同服务器进行信息交互，根据内容来源，在线 Widget 业务又可细分为：

- 互联网 Widget 业务：内容来自互联网(如互联网搜索)；
- 运营商增值 Widget 业务：内容来自运营商(如手机证券)或增值业务提供

商(如天气预报)。

按照 Widget 业务是否作为独立的业务类型存在，可分为以下类型：

① 独立类 Widget 业务：它是与现有短信、彩信、WAP 类业务并列的一种新增业务类型，业务计费采用独立的业务形式和计费策略；

② 捆绑类 Widget 业务：它是先有短信、彩信、WAP 类业务(以下称原型业务或被捆绑业务)的一种新增展示通道——Widget 通道，业务计费仍延用原有业务的计费策略。捆绑类 Widget 业务的目的是为了使原型业务(如手机证券业务)的订购用户增加 Widget 的使用方式。

5 移动 SNS 相关技术

5.1 UGC 数据分析

UGC 是“User Generated Content(用户原创内容)”的缩写。UGC 的概念最早起源于互联网领域，即用户将自己原创的内容通过互联网平台进行展示或者提供给其他用户。UGC 是伴随着以提倡个性化为主要特点的 Web 2.0 概念兴起的。UGC 并不是某一种具体的业务，而是一种用户使用互联网的新方式，即由原来的以下载为主变成下载和上传并重。YouTube，MySpace 等网站都可以看做 UGC 的成功案例，社区网络、视频分享、博客和播客(视频分享)等都是 UGC 的主要应用形式。

近两年来，随着全球 3G 商用的日益推进和移动互联网业务的不断发展，移动 UGC 业务正在日渐崛起，引起了业界的广泛关注。促进移动 UGC 业务发展的因素在于：第一，电子存储设备容量不断增加而价格不断下降，同时存储制式趋向标准化，这使得手机的性能不断提升，可以和其他设备共享信息并实现升级；第二，随着手机的日益普及，人们倾向于用手机记录真实的生活，表达自己的感受；第三，移动运营商希望借助 UGC 吸引更多的用户，开辟新的业务增长点。

5.1.1 UGC 发展现状

无论是互联网还是移动网络，越来越多的内容不再来自传统媒体或互联网 SP，而是直接来自用户：论坛、博客、社区、电子商务、视频分享，尤其是手机功能的不断强大，移动 SNS 用户可以随时随地利用手机制作图片、视频，将自己的心情和所见所闻用手机记录下来，并将这些内容传递给他人将成为趋势，而移动互联网恰好可以起到桥梁作用。目前，国外一些主流移动运营商相继推出了移动博客、移动视频共享等移动 UGC 服务，引起了人们越来越多的关注。在国内，以手机博客为代表的移动 UGC 服务已经开始起步。随着国内 3G 商用的逐步展开，移动网与各种互联网应用的融合步伐将进一步加快，移动 UGC 必将全面崛起，并将成为移动增值业务领域的新热点。

5.1.1.1 UGC 国外现状

目前，移动 UGC 的业务形式主要是移动社区网络和移动视频共享，其中移动社区网络已经在韩国、欧美市场形成规模。根据 Juniper 咨询公司的研究，社区网络目前是移动 UGC 领域的主流，全球用户数约为 1400 万。全球移动 UGC 领域 2007 年的收入达到 5.72 亿美元，其中移动社区网络收入占 50% 以上；预计到 2012 年移动 UGC 领域的收入将超过 57 亿美元，而社区网络业务收入将下降到 21%，以视频为代表的个人内容共享将成为主流。

（1）韩国 SKT

韩国是目前移动 UGC 发展最好的国家。SKT 于 2001 年推出了移动社区业务——赛我网。赛我网是全球最成功的移动社区业务之一，在韩国拥有超过 1500 万用户，占韩国总人口的三分之一。赛我网的绝大多数用户都在 20 岁左右，日访问量高达 2000 万人次。SKT 已经把 UGC 发展重心从移动社区网络转移到视频共享领域。2006 年 11 月初，SKT 将移动多媒体服务“June”的“成人服务”按键改为“UGC 视频”，实现了与 Pandora TV，Damoimaura，Mncast，FreechalQ，Yahoo korea Yammy 以及 Diodeo 等 6 家专业视频分享网站的互动，提供热门 UGC 内容在移动终端上的播放。目前，这项服务每天的访问量为 25 万次。

（2）Vodafone

2007 年 2 月，Vodafone 先后宣布与 MySpace 和 YouTube 合作，推出移动社区网络和视频共享业务。Vodafone 希望通过与互联网知名 UGC 品牌的合作，全面进军 UGC 领域。Vodafone 用户可以通过手机访问 MySpace，建立 MySpace 空间，发布照片和博客。今后将在一些手机上预装 MySpace 手机软件，用户可以通过其 Vodafonelive 门户下载软件系统。Vodafone 的移动 YouTube 服务将首先面向英国用户推出，用户可以在手机上选择视频节目、转发视频链接、上传和搜索视频片断，Vodafone 计划不久将在其他欧洲国家市场推出这一服务。Vodafone 计划根据用户上传视频节目的数量以及观众收看的次数向提供者付费，因此，上传视频短片的用户不仅可以与他人共享视频内容，而且可以从中获取收入。

（3）英国“3”公司

英国“3”公司从 2005 年 10 月就与 YoSpace 合作推出了移动视频共享业务——See Me TV。该业务使用户可以通过手机发送 MMS 上传自己的视频内容，与他人分享，并可以从自己制作的内容下载收费中获得 10% 的收入分成，其余部分由“3”公司与 YoSpace 再次分成。该业务推出一年，视频下载次数就达到了 1400 万次。

（4）Verizon 无线公司

2006 年 3 月，美国 Cingular 无线公司宣布向手机用户提供 Rabble 服务，进一步扩大社区服务的范围。通过这种服务，用户可以建立类似于 MySpace. com 的社区网络网站，社区用户通过手机可以交流思想、分享图像，了解本地事件或者地理位置。2007 年 7 月，Verizon 无线公司与 YouTube 签订协议，用户可通过短号码“98823”向 YouTube 网站上传或从该网站下载视频片断。

（5）新加坡 M1 公司

新加坡移动运营商 M1 推出了用户制作及共享视频业务——MeTV，用户可以通过 MMS 上传视频内容，其他用户可以浏览并下载。这项业务为用户提供了一个展示自己和了解他人的平台。这个业务也建立了与用户分成的模式，用户上传的视频内容被他人下载一次，用户就可以获得 0. 05 新元。自从 2007 年 3 月推出该业务以来，上传视频的用户已超过 4 万名。

5. 1. 1. 2 UGC 国内现状

在国内，当互联网博客业务全面兴起之时，面向手机用户的移动博客也崭露头角。如今，随着 3G 商用的日益临近，移动运营商和 SP 都对移动博客等移动 UGC 给予越来越多的关注。

近年来，当网络博客受到人们的追捧时，移动博客成为国内一些网站和 SP 关注的焦点。移动博客是互联网博客与移动网络相结合而产生的一种崭新的应用。与基于 PC 的互联网博客不同，移动博客能使手机用户通过短信、彩信、WAP 等方式实现对博客站点的访问。人们可以抛开电脑和网络的束缚，借助手机随走随写、随录、随拍、随发、随读，包括文字、图片、视频和音频在内的各种信息，这使得信息的获取、传递、浏览和反馈的方式都发生了明显的变化。在国内，一批互联网公司和 SP 成为拓展移动博客业务的先行者。

2004 年 7 月，国内首家移动博客网站——万蝶移动博客上线——拉开了国内移动博客发展的帷幕。此后，魅力网络、易秀博客、掌上博客、拍客地带和迷你博客等移动博客网站相继问世，掀起了一股移动博客热。近年来，国内移动运营商在移动博客业务领域已经进行了积极的探索和尝试。

2006 年 8 月，中国移动推出了移动博客业务。为了推动移动博客业务的发展，当年中国移动发起了国内首届移动博客大赛。大赛以“移动博客、直播生活”为主题，在移动梦网网站、WAP、彩信和 IVR 等 4 条“赛道”上同时展开。在为期 3 个月的时间里，“写客”可以随时随地方便地提交博客内容，并与各种平台上的人们分享；而“看客”可以在任何时候、任何地点选择自己喜欢的方式对博客进行浏览、收听、评论和投票。大赛最后评选出了最佳博客、最佳内容、最佳互动参与、最佳评论等多项大奖，为国内移动博客业务的发展增添了人气。

2008 年，中国移动还与银河传媒合作，首次推出使用二维码直接访问移动博客的新业务，给手机用户带来了新的移动博客体验。近两年来，浙江联通等中国联通一些省级分公司也相继推出了“如意博客”服务。中国联通目前也致力于开发能够让用户通过手机上传图片、视频并能获取道路信息的移动社区服务。

国内以移动博客为代表的移动 UGC 服务尚处于起步阶段。随着国内 3G 商用的全面启动，将进一步加速移动网与互联网 Web 2.0 应用的结合。值得关注的是，在中国移动所提供的3G 服务中，“视频分享”是其中一项重要业务。显然，对图像、音乐、视频等多媒体业务拥有更加强大支撑能力的3G 网络，必将为移动博客、手机视频共享等移动 UGC 业务的发展奠定良好的网络基础。

5.1.2　UGC 数据分析在移动 SNS 中的应用

UGC 在移动 SNS 中应用广泛，无论是用户博客、状态信息、上传的照片、音乐和视频，还是用户在各种应用或者群组中发表的评论和意见，都属于 UGC 范畴。这些内容经过整合加工都可以更便捷、更有效地为用户提供信息。本节仅以文本类型的 UGC 为例，讨论 UGC 的创新应用。当然，UGC 在 SNS 中的应用并不局限于此。

图 5. 1 所示的流程通过采集 UGC，综合统计移动 SNS 用户针对某产品或应

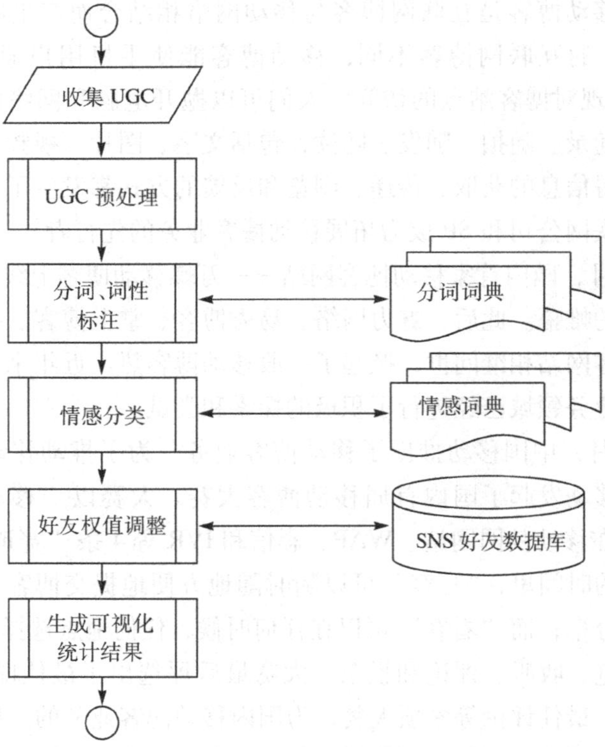

图 5. 1　UGC 分析在移动 SNS 中应用的流程图

用的评价，并生成可视化图形结果。一目了然地了解评价变化动态，对于厂商和后续购买使用者均有价值，尤其是好友的评价更让人信服。

为了更方便、更形象地解释图 5.1，我们假设如下应用场景：针对移动 SNS 上某用户对某种手机感兴趣而希望看到可视化评价，尤其是更希望得到好友的评价和建议。从上面的流程可以看到，我们的应用主要分为 UGC 数据预处理、分词以及词性标注、情感分类、好友权值调整、生成可视化结果五个模块。其中，分词模块、情感分类模块分别要与分词词典和情感词典进行交互，保证分词和情感分类的准确，好友权值调整模块要以移动 SNS 好友数据库为基础。下面对每个模块进行分类描述。

5.1.2.1 数据采集和预处理

UGC 的信息采集可以来源于移动 SNS 的 WAP 和 Web 的服务器端。移动 SNS 所有用户产生的文字数据信息都可以成为采集对象。与用户相关性更大的数据信息应当是用户关注的产品或者应用相关的信息，以及用户好友生成的信息。

移动 SNS 好友意见可以来自 SNS 的内部搜集，也可以更有针对性地进行好友征询，PC 端站内消息征询或者手机端短信征询都可以。信息采集后，要进行预处理，除了清理冗余信息，保证下阶段流程中好友的评论能够在统计中得到更大权值的计算，预处理模块还要对来自好友的意见进行标注。可以在冗余信息清理后，在信息域中加入一个属性，用 true 或 false 来标注信息是否来自好友。

5.1.2.2 分词模块

经过预处理的数据转移到分词模块进行分词和词性标注。分词模块工作流程如图 5.2 所示。

分词模块主要完成数据内容分词和词性标注功能，整个分词过程要与词典进行必要的交互。在词典初始化以后，以收集的数据资料作为输入分词文本进行文本的结构化处理，再依据既定分词方法进行分词和词性标注，然后消除歧义词，分词过程要在词典中查找，如果发现新词汇，要及时更新词典，最后将整理好的语料输出。

目前，常用的分词方法可以分成以下三类：

① 基于字符串匹配的分词方法(机械分词法)：其中最为常用的是正向最大匹配法、逆向最大匹配法和最小切分法；

② 基于理解的分词方法：由分词子系统、句法语义子系统、总控部分组成；

③ 基于统计的分词方法：最大概率统计和频率统计。

通过分词方法，当用户提交关键词后，分词模块把词按照一定的规则，将一个长尾词分割成几个部分，从而概括一段话的主要内容，让用户能更快速地找到想要的内容。

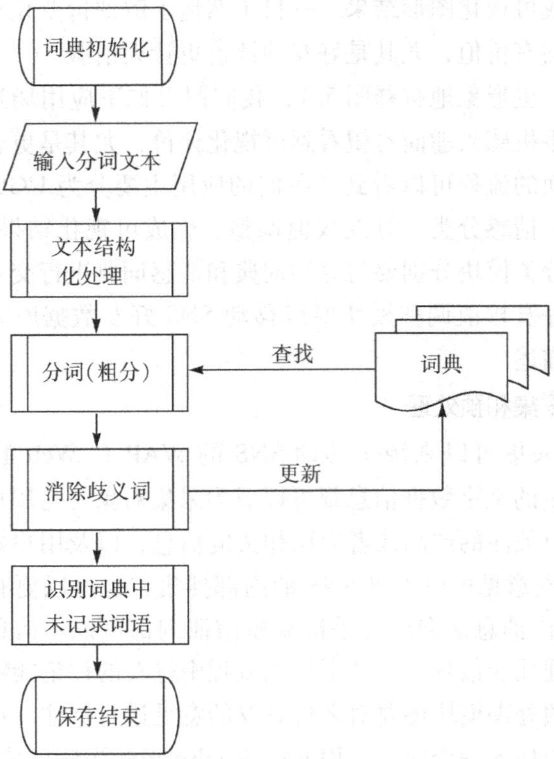

图 5.2　分词模块流程图

5.1.2.3　情感分类模块

情感分类模块的主要作用是识别语料的感情色彩，情感分类(Sentiment Classification)可分为以下分支方向，如流派分类(Genre Classification)、情感的极性(Polarity 或 Valence)、语义倾向(Semantic Orientation)、观点挖掘(Opinion Mining)、观点抽取(Opinion Extractive)和情感分析等。一般来讲，文本情感分类通常采用基于学习的方法和基于语言模型的方法。针对文本情感分类涉及的流程采取基于学习的方法，如图 5.3 所示，图中的情感特征选择、分类训练和测试评价构成循环。在实际应用中，往往需要依据测试情况，调整特征选择和分类训练的参数，使得分类器具有更好的分类效果。

(1) 训练数据集

训练数据集的选择是否合适，对分类器的性能有较大的影响。训练数据集对研究感兴趣的文本应具有广泛的代表性。一般而言，训练数据集应该是公认的、经人工分类的数据集，由于汉语文本情感分类研究刚刚起步，目前还没有公开的数据集可用。在我们的例子中，训练数据集是都已经进行了分词、词性标注的评

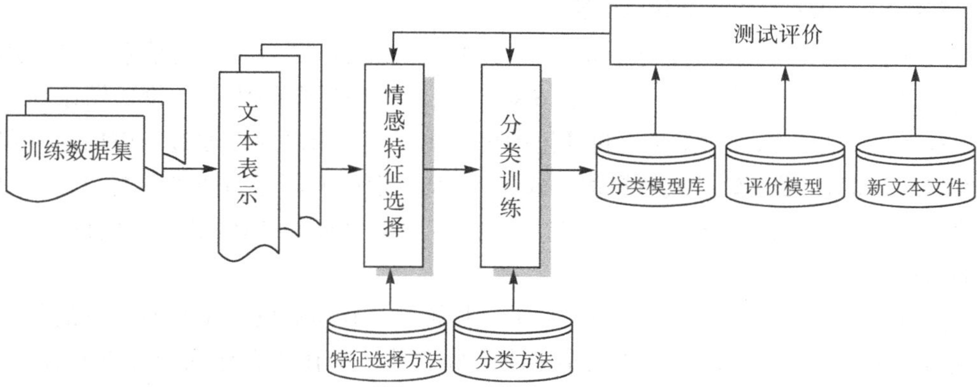

图 5.3 情感分类模块流程图

价数据，分别来自移动 SNS 和相关各大手机评论网页，尤其是对于好友评论数据带有特殊标签。

（2）建立文本表示模型

选择何种语言要素（或者说文本特征）、用何种数学形式组织这些语言要素来表征文本是文本情感分类的一个重要技术问题。目前的文本情感分类方法和系统大多以词或词组作为表征文本语义的语言要素，表示模型则主要有布尔模型和 VSM 向量空间模型。可以在我们的例子中采用词（词汇）、词语搭配以及产品特征与情感词汇关联对等形式的文本表示特征。文本的表示模型则建议采用向量空间模型及扩展的向量空间模型。

（3）情感特征选择

语言是一个开放的系统。作为语言表现形式之一的文本形式也是开放的。它的大小、结构、包含的语言元素和信息都是开放的，因此它的特征也是无限制的。文本情感分类应该选择尽可能少且与文本的情感类别密切相关的特征。选择哪些特征是由具体的度量准则和特征的类别区分能力决定的，这是文本情感分类的核心问题之一，既有单一特征选择方法，也有混合特征选择方法。

（4）选择分类方法

选择分类方法也是文本情感分类的关键问题之一。常用的分类方法有支持向量机（SVM）、朴素贝叶斯（NB）、最大熵（ME）、人工神经网络（ANN）、K-近邻法（KNN）等。目前，使用较多的也是分类效果比较好的是支持向量机方法。

（5）性能评价

目前使用比较多的文本情感分类性能评价指标有精确率、召回率、F 值和正确率。

情感分词能够将文本分类到正确的情感类别中。

5.1.2.4　好友评论权值调整模块

在移动 SNS 中，好友对于相关手机的评价是用户更为关注的信息，可以通过信息采集预处理的过程，对于在 SNS 群组论坛中好友的相关评论数据添加标签；也可以在提取针对某种手机评论的可视化统计结果之前，通过该应用向好友发送征询信息(到 PC 端或者短信形式)。好友对于征询信息的回复会增加其魅力值，可以用于统计 SNS 中的人气之星，其实也是为商家更好地锁定具有影响力的目标客户。

好友的针对性回复评论将是重要的数据资料，在所有资料中享有较高的平均权值，用户可以自行设置权值大小来决定好友的评论在所有评论中的重要程度。在设定权值时，系统将自动地为用户提供选择界面，界面依据一度好友、二度好友和三度好友的既定分类，分别询问用户的权值设置。当然，也可以设置为零，抛开好友的评价而单独查看大众网友的评价统计结果。

5.1.2.5　统计结果生成模块

整理好的数据必然包括评价的产品、评价、评分、评价权值等部分，因此，整理好的数据应该是如下四元组(Product，Opinion，Score，Weight)。其中，评分(Score)是根据评价(Opinion)中能够表示强烈感情色彩的词汇来定义的，根据情感词典中对于不同感情词汇的分类，可以将评分分为：

if (positive Opinion) then (Score >0);

else if (negative Opinion) then (Score <0);

else (Score =0)

当然，根据情感表达的强烈与否，可以采取 5 分制或者 10 分制来细化分类，也更方便地生成可视化的图标结果。针对一个月内网友和 SNS 好友对某手机的评价，可以制成曲线图、饼图、柱状图或者相应的表格，点击图中相应的点，即可显示相应的评价原文。

根据总体设计流程，上述应用场景可以得到很大程度的扩展。除了对与用户感兴趣的物品、应用生成可视化的评论统计结果，UGC 并不局限于用户产生的文字信息。用户上传的音乐代表了用户最近喜欢听的音乐，用户推荐或者点播给好友的音乐代表了用户强烈推荐某段音乐的想法。因此，针对用户上传音乐，统计模块一样可以分析整理出一个庞大的 SNS 金曲库。想了解好友最近的心情和喜好，也可以通过调整音乐库的权值来关注某个范围好友听音乐的偏好。逆向思维去考虑统计模块的生成结果对于各大唱片公司而言也是一种潮流导向信息，他们可以更加有针对性地 push 新的音乐给 SNS 用户，这无疑是一种双赢的广告模式。统计模块同样为移动 SNS 运营商做市场定位、市场细分和营销决策提供强有力的依据。

5.1.3 UGC对移动SNS运营商的商业价值

UGC对移动SNS运营商的商业价值主要体现在以下几个方面。

(1) 移动SNS使UGC产生的内容越来越丰富

无论是互联网还是移动网络，越来越多的内容不再来自传统媒体或互联网SP，而是直接来自用户：论坛、博客、社区、电子商务、视频分享，尤其是随着手机功能的不断强大，移动SNS用户可以随时随地利用手机制作图片、视频，将自己的心情和所见所闻用手机记录下来，并将这些内容传递给他人将成为趋势，而移动互联网恰好可以起到桥梁作用。

(2) 移动SNS拥有巨大的潜在用户群

移动SNS用户越来越习惯和喜爱自己创作内容，并与他人分享。无论是移动互联网还是在互联网上，UGC已经成为很多网民的生活方式，例如，在UGC最为活跃的SNS，BBS和博客领域，国内已经有很大的用户群体，并且仍在迅速增长，况且互联网上的UGC用户可以自然过渡到移动UGC。

(3) 移动SNS运营商获得更高利润

UGC在移动领域的发展将带来新的商业模式和收入来源。由于互联网在商业模式和管理机制上较为宽松，对用户创作的内容无法进行版权保护和收入分成，而在移动网络上，移动SNS运营商可以比较容易地就具有增值价值的内容与用户进行收入分成。此外，动SNS运营商也可以通过这类业务刺激流量、获得广告收益等。

除了潜在市场巨大之外，UGC产业链的参与者相对较少也是移动SNS运营商发展这类业务的有利因素。不像移动音乐，主要收入被传统音乐行业赚取，在UGC的价值链参与者中，几乎没有传统行业的企业，更多的是互联网新兴网站，内容则来自分散的用户，移动SNS运营商在讨价还价的谈判过程中拥有主动权，这样往往可以获得较高的利润。

(4) 提高用户忠诚度

UGC业务不仅可以刺激用户使用业务，提高移动SNS运营商收入，同时也是移动SNS运营商提高用户忠诚度的有效手段，用户不仅可以和自己的亲朋好友分享自己的喜怒哀乐，还可以从自己创作的内容中获得分成。UGC所倡导的是一种开放、参与、分享、创造的精神。从本质上讲，其实就是一种人性的解放，尊重人性和个性，强调满足人们精神上的、社会中的以及个性的需求，达到维护用户关系、提高用户忠诚度的目的。例如，新加坡移动运营商M1推出了用户制作及共享视频业务——MeTV，用户可以通过MMS上传视频内容，其他用户可以浏览并下载。这项业务为用户提供了一个展示自己和了解他人的平台。

5.2 用户行为数据分析

5.2.1 用户行为数据分类

网络用户行为是一个广义的概念，它是用户在网络上表现的活动方式，其分类本身具有模糊性和多样性。对网络用户行为的分类并没有一个比较规范的分类标准，根据特定的需要，从不同的角度，将网络用户行为分类。

① 从行业是否有危害的角度，可分为善意行为和恶意行为。从行为主体对象是否唯一的角度，可分为个体行为和群体行为；从行为是否合乎习惯模式的角度，可分为正常行为和异常行为。

② 从网络用户行为目的(对网络信息的利用)的角度，可将网络用户行为分为信息发布行为、信息交流行为、信息查询行为、信息选择行为、信息下载行为、信息吸收行为、信息利用行为。由于这些信息行为并非完全独立，而是各有交叉，而且有些行为并非外在行为(如信息吸收行为)，有些行为是在网下进行的(如信息利用行为)，因此，信息发布行为和信息查询行为是相对独立的，而信息交流行为则和信息发布行为、查询行为分别有一定的交集，信息选择行为则是贯穿在以上三种行为之中，和以上三种信息行为都有交集。网络用户信息查询行为，主要包括信息检索行为和信息浏览行为，但又并非所有的信息查询行为都是这两种行为。网络信息检索行为，是具有明确信息需求的网络用户借助专门信息检索工具和使用信息检索语言获取所需信息的活动。网络信息浏览行为，是缺乏明确信息需求目标的用户利用超文本链接方式获取信息的活动。信息发布行为定义为：利用网站，FTP，BBS，电子邮件，ICQ(QQ)等各种网络平台，将数字化的信息在网络上公开，以达到某种目的的行为。信息查询行为，是用户进行的有目的的查询信息的活动，这种活动是为了满足一定的目标需求的结果。信息选择，是对大量的原始信息以及经过加工的信息材料进行筛选和判别，选取所需要的内容，内化入自己知识结构的信息行为。信息交流，是社会活动中借助于某种符号系统，利用某种传递通道而实现的信息发送者和信息接受者之间的传输和交换行为。

③ 从应用角度，根据2003年1月互联网实验室进行的中国城市居民互联网使用及消费行为调查结果，互联网实验室形成《中国城市居民互联网使用及消费行为研究系列报告》，以网民网络行为结构为方法论，根据网民自身需求和网络服务本身的技术特性，将用户网络行为分为五大类：信息获取类、沟通交流类、休闲娱乐类、电子商务类和电子服务类。如表5.1所示。

表 5.1 用户网络服务特性差异分类

分类	信息获取类	沟通交流类	休闲娱乐类	电子商务类	电子服务类
行为差异	利用互联网上海量信息查找感兴趣的内容，获取知识或者信息	通过网络进行无地域限制的一对一或者一对多的交流沟通	通过网络资源获得视听享受，无功利性	通过网络的迅捷便利进行有形或无形商品的交易是互联网与传统商业的契合点	利用互联网的无时空差距来提供服务项目
服务商特征	使用主体为一对多的关系，以提供信息和专业知识为主要吸引手段，以通过广告和付费独家信息来营收为主要商业模式	使用主体为一对一或一对多的交流，以提供良好的沟通平台或氛围，通过集群效应来吸引网络用户，主要商业模式按信息量或时间收费	沟通交流的必然升级，电子服务的娱乐服务特例。以人们的娱乐快感满足为主要区别，通过月费、流量计费等方式收费	通过互联网平台完成传统服务必须面对面才能完成的虚拟服务。以满足人们的各类服务需求为目标，按提供的服务收费	通过互联网完成有形商品的交易过程，有别于电子服务的无形，以销售商品的利润和一部分佣金为盈利来源
服务种类	新闻，与个人有关的信息获取，与工作有关的信息获取，搜索引擎，电子杂志，浏览网站，网上阅读	IM 聊天，E-mail，短信服务，BBS 论坛、社区、讨论组，免费个人主页，网络电话，移动梦网，校友录（以上多数为移动 SNS 子功能）	SNS 娱乐类应用，网络游戏，手机游戏，多媒体娱乐，Video 点播，网上图书馆	网上购物或商务活动，网上炒股，网上交易，网上房地产，网上金融，网上旅游服务	网上教育，软件上传/下载服务，网上医院，网上银行

5.2.2 用户行为数据挖掘

用户信息挖掘可以根据用户初次使用系统时注册的个人信息，定制用户描述文件。描述文件定制好之后，既可以由用户自主修改，也可以由系统自适应地修改。当系统要自适应地修改描述文件时，必须收集用户的信息，学习用户的兴趣，从而调整用户兴趣的权重或层次结构。收集用户信息的方法有显式跟踪和隐式跟踪两种。显式跟踪是指系统要求用户对推荐的资源进行反馈和评价，方法简单而且直接，但多数用户不愿意进行此项工作。隐式跟踪由系统自动完成，不要求用户提供信息。

基于移动 SNS 中的数据挖掘可以采用终端数据挖掘方式。诺基亚与爱立信已经开发了 MQA(Mobile Quality Analyzer)——一款基于安装在用户终端软件的自动数据测试系统，可以得知用户使用网络业务的各种情况，包括语音呼叫、短信/彩信、浏览器的使用、照相机/摄像机、手机系统资源、连接情况和数据业务的 QoS 等。通过从用户侧得到的反馈和统计情况，运营商能得知当前用户的 QoE 情况，并能通过各种途径解决问题，从而达到完善并提高 QoE 的目的。如图 5.4 所示，MQA 就是某种意义上的用户数据的“自动挖掘机”。

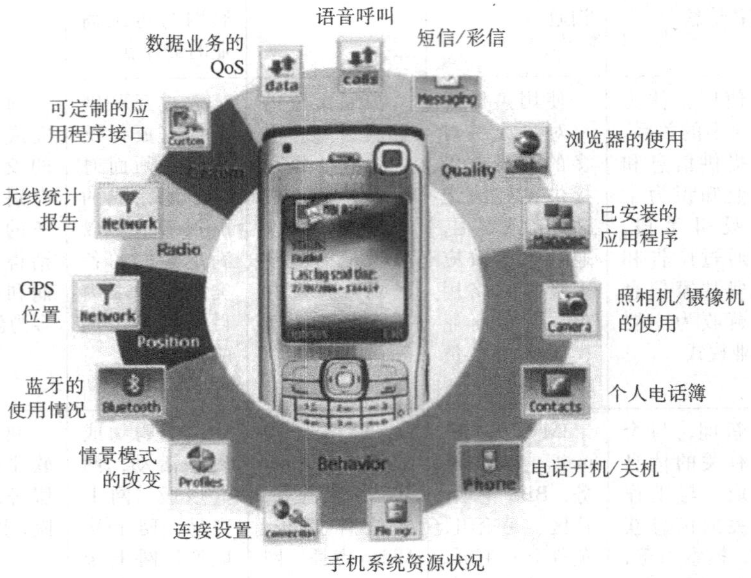

图 5.4　MQA 软件能力图

MQA 提供的服务可分为无线、位置服务、用户在手机的行为、业务使用情况、业务质量以及可定制的 API 等几大类。在无线方面，MQA 可以支持最多 800 种无线参数的汇报。在位置服务方面，则包括移动网络和 GPS。“移动网络”功能上可以提供网络位置，比如漫游地，MCC，MNC，LAC 以及 Cell ID 等，“GPS”功能则可以提供 GPS 的具体位置。MQA 可以统计用户在手机侧的行为，包括用户在手机上的各种操作和功能的统计。比如，可以得到用户蓝牙的使用情况统计，用户每周使用这一功能的频率等；又如，摄像头的使用频率，是否存储了相关照片或者视频等。在业务的使用情况和质量上，MQA 则可以对包括语音呼叫、数据业务、消息类业务的各种情况进行统计和分析。

MQA 可以让所有的用户都成为移动运营商网络质量和各种业务的测试员，并且是“默默的测试员”，这意味着利用这一系统了解用户的使用习惯、QoE 水平以及业务使用和推广情况时，根本不会影响运营商的网络和用户的业务使用情况。它可以运行于普通的诺基亚手机中，在获得无线接口数据的同时，也记录了用户的各种行为，它通过无线传输（GPRS）收集各种数据。这样的结果是，成千上万的手机都能变成运营商网络测试的工具。其数量之庞大可想而知。

5.2.3 用户行为数据分析能力设计和应用

近年来，精准营销是移动通信与移动互联网的重要发展方向之一，这就要求对用户的需求、态度和行为作深度理解，通过用户行为预测未来业务的需求，从而为业务精准定位目标人群，并根据目标人群偏好修正业务特征。目前，用户行为分析已成为把握未来多样化信息服务市场的关键，国际网站分析顶级软件商WebTrends实现了Vodafone等网站的用户访问行为关键数据采集和实时性分析。AT & T研究院将文本和多媒体数据的语义分析技术应用于视频语义搜索和语音-文本转换等研究。

移动SNS除了具备SNS的基本功能以外，为了更好地与通信能力结合提供服务，还具备了计费能力、内容优化、配置管理和位置信息等能力。由于移动SNS拥有大量用户数据和用户间交互信息，其应用的发展也越来越丰富和实用，在将来，移动SNS必将成为精准营销的最佳载体之一。

首先，SNS的核心始终是社会关系在网络上的真实映射，掌握大量的用户数据是SNS最大的优势。如果能充分利用这些用户数据，势必为生活带来无可比拟的便利。其次，移动SNS以移动终端为依托，由于移动终端的硬件能力不及PC，如果大量接收到垃圾信息或者广告，势必给用户带来困扰，因此，过滤和清洁数据，精准的推送就显得尤为重要。通过挖掘和分析用户行为数据，学习用户的行为，从而为用户精准推送用户喜欢的信息，也方便广告商更加有针对性地投放广告。当然，除了将能力开放给应用开发者以外，移动SNS也可根据行为分析的各种结果，优化整合网站接口，甚至为用户提供个性化界面。因此，为了更好地利用移动SNS的大量用户行为数据信息为用户提供更好的服务，用户行为分析应该成为移动SNS的核心能力之一，并开放各种能力接口，包括通过分析用户在移动SNS上与时间相关的行为、分析用户行为涉及的内容和分析用户和用户间的关系等方面，从而促进更便捷优秀的应用开发。

用户行为分析能力从移动SNS获取相应的数据支持，并开放接口给应用开发者，SNS基础能力、用户行为分析的基础能力和高级能力都可以分别向应用开放接口。图5.5所示的架构体现了各个层次的交互，详尽描述了能力内部的结构。

SNS基础能力模块参考Facebook的基本划分，主要用于为用户行为分析能力提供相应的数据。行为分析能力内部分为三部分：行为跟踪模块、基本能力和高级能力。行为跟踪模块用来收集和整理SNS的相应行为数据，进行预处理。基本能力可以直接提供接口给应用开发者，也可以将基本能力封装成一些比较完善的综合高级能力，这也是为了让应用开发者更加方便地调用行为分析能力。

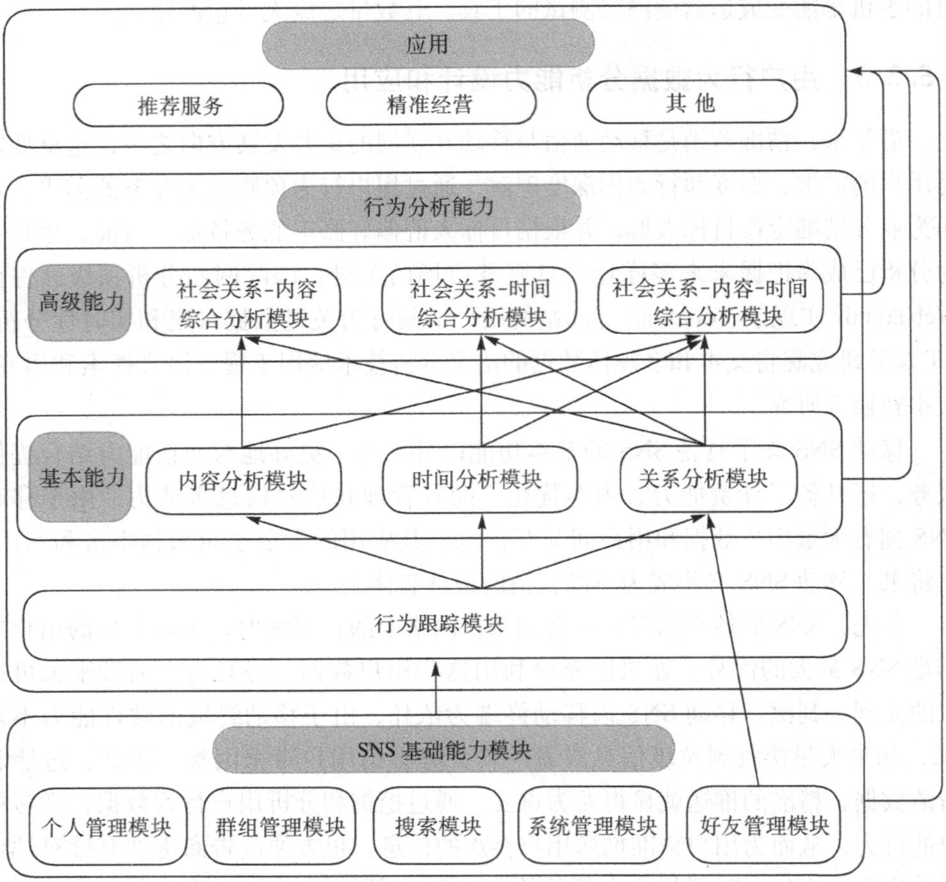

图 5.5　用户行为分析能力结构图

5.2.3.1　用户行为分析基本能力

事件的发生必然产生与其相关的时间、地点、人物和内容。由于 SNS 是基于互联网的活动，事件的地点就显得不是那么重要了。因此，将用户行为分析能力的基础能力划分出三个基本模块：基于内容的模块、基于时间的模块和基于人际关系的模块。基于每个模块能够完成的功能，分别设计细化了相应的 open APIs。下面分类介绍。

（1）内容分析模块

内容分析模块分析移动 SNS 垂直分类或应用中的各种相关内容，这些内容可能是图书、电影、音乐、美食、旅游、购物等。每一类内容分别来自不同的内容提供商的垂直网站，这些内容通过移动 SNS 的请求被获取到移动 SNS 中，通过分析移动 SNS 用户和这些内容的交互情况，以及相关内容之间的联系来完成移动 SNS 基于内容的行为分析。图 5.6 所示为移动 SNS 与内容提供商的交互图。

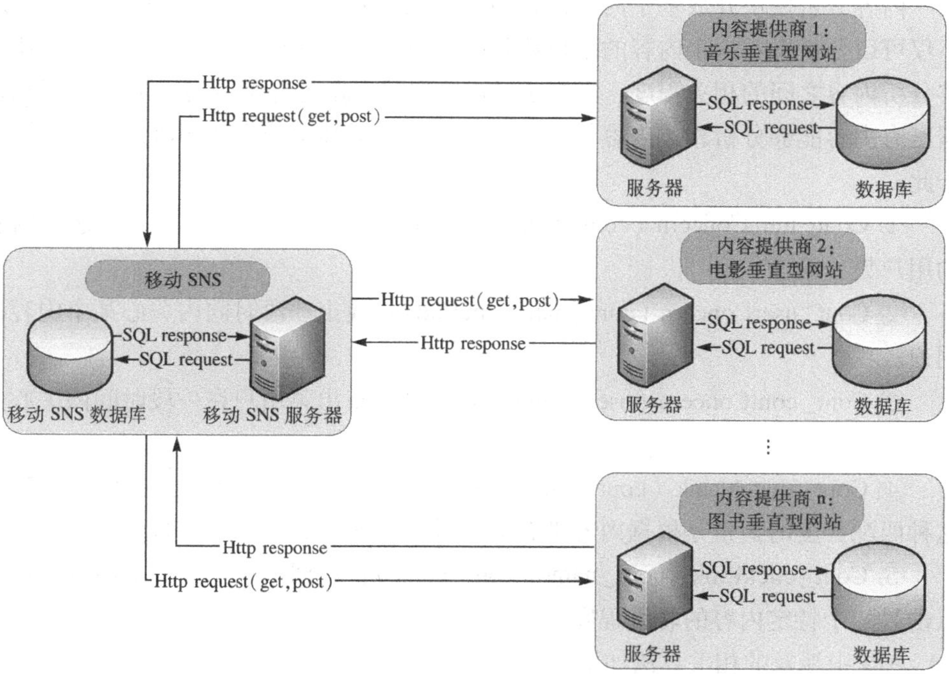

图 5.6　移动 SNS 与内容提供商数据交互图

移动 SNS 用户请求内容信息时或者内容分析模块进行分析时，产生如图 5.6 所示的交互过程。由于分析模块最多只针对内容的索引表进行分析，因此需要存储到移动 SNS 的也并不是内容提供商提供的所有内容，只有用户针对某一内容进行操作时才请求调用该条目的全部内容。相关的索引表将在能力的应用部分给出简单举例。表 5.2 是数据交互操作中可能涉及的数据调用模块数据库表。

表 5.2　　数据调用模块数据库表

字　段	类　型	Null	默 认	注　　释
bid	smallint(6)	否		数据调用模块 ID
blockname	varchar(40)	否		数据调用模块名
blocksql	text	否		数据调用模块 SQL 语句
cachename	varchar(30)	否		模块缓存名
cachetime	smallint(6)	否	0	数据调用模块缓存时间
startnum	tinyint(3)	否	0	数据调用开始数
num	tinyint(3)	否	0	只获取满足条件的前多少条数据
perpage	tinyint(3)	否	0	当全部获取时每页显示多少条
htmlcode	text	否		数据显示 HTML 代码

内容分析模块开放基于内容的接口，主要分析用户行为与内容相关的部分，不仅可以分析喜欢这个内容的用户数和相应用户，以及某用户关注的内容，还能够分析内容之间的相关程度，点击了某内容以后点击另外某内容的联系程度及根据已有内容能够分析相关内容等。下面详细列举了其中的主要 API，但并不局限于此。

① Cont_numConcern（cont_name，period）：找出一段时间内关心这个内容的用户数。

② Cont_userConcern（cont_name，period）：找出一段时间内关心某个内容的用户。

③ Cont_contConcern（user_name，period）：找出某用户在一段时间内关心的内容。

④ Cont_matchLink（cont_name，cont_name）：返回内容之间的匹配程度，这种匹配程度的衡量是根据内容带有的大量标签的匹配程度计算的。

⑤ Cont_clickLink（cont_name，cont_name）：返回用户点击一个内容之后又点击另一个特定内容的联系程度。

API 中涉及的相关算法如下。

Cont_matchLink（cont_name，cont_name）对于内容之间的匹配程度计算是根据内容本身带有的标签类别进行匹配和聚类，不同标签代表的内容属性可以进行数值属性归约。因此，建议采取聚类的方法进行数值归约，减少候选项目集的数量，从而提高算法的效率。数值归约可以通过选择替代的数据表示形式来减少数据挖掘的数据量。聚类是数值归约的一种方法。它将数据元组视为对象，将数据对象分组成为多个类或簇（cluster），在同一个簇中的对象之间具有较高的相似度，而不同簇中的对象差别比较大。与分类不同的是，所划分的类是未知的。聚类分析作为统计学习的一个分支和一种无指导的机器学习方法，主要是根据实体的特征对其进行聚类，按一定的距离或相似测度，在大型多维空间数据集中标识出聚类或稠密分布的区域，数据分成一系列相互区分的组。在六度分隔系统的数据处理中，它可以帮助减少新属性的量，从而提高挖掘速度。聚类算法主要分为以下几类。

① 划分方法（Partitioning Method）：给定一个有 N 个元组或者记录的数据集，构造 k 个分组，每一个分组代表一个聚类（$k<N$）；

③ 基于密度的方法（Density-based Method）：只要一个区域中的点的密度大于某个阈值，就把它加到与之相近的聚类中；

④ 基于网格的方法（Grid-based Method）：首先将数据空间划分成为有限个单元（Cell）的网格结构，然后在网格结构上进行聚类；

⑤ 基于模型的方法(Model-based Method)：给每一个聚类假定一个模型，发现数据对模型的最好匹配。

截至目前，各种聚类方法都有其自身的优缺点及其特定的适用数据范围，即对于相同的数据集，若采用不同的聚类方法，也常得到不同的划分结果。考虑到 SNS 系统所需处理数据的特点，建议选取最常用的 K-Means 算法来聚类数值属性。K-Means 算法是基于划分的聚类方法，由麦克奎恩(MacQueen)于 1967 年提出，在目前的聚类分析中应用最为广泛，具有算法简单且收敛速度快的特点。其基本思想：对于给定的聚类数目 k，首先随机创建一个初始划分，然后采用迭代方法，通过将聚类中心不断移动来尝试改进划分，算法如图 5.7 所示。为达到最优，这种 K-Means 算法在理论上应该穷举所有可能的划分。但实际上，用每类的平均值来表示该类，大大地降低了计算的复杂性，提高了运算速度，使处理大规模数据集成为可能。

算法：K-Means 输入：聚类个数 k，以及包含 N 个数据对象的数据库； 输出：满足方差最小标准的 k 个聚类；
处理流程： (1) 从 N 个数据对象任意选择 k 个对象作为初始聚类中心； (2) 循环(2)到(4)直到每个聚类不再发生变化为止； (3) 根据每个聚类对象的均值(中心对象)，计算每个对象与这些中心对象的距离，并根据最小距离重新对相应对象进行划分； (4) 重新计算每个(有变化)聚类的均值(中心对象)；

图 5.7 K-Means 算法

首先，随机地选择 k 个对象，每个对象初始地代表了一个簇的平均值或中心。对剩余的每个对象，根据其与各个簇中心的距离，将其赋予最近的簇。然后重新计算每个簇的平均值，求出新的簇中心，再重新聚簇。不断重复这个过程，直到准则函数收敛。该算法的时间复杂度是 $O(Nkt)$，其中，N 是所有对象数目，k 是簇的数目，t 是迭代次数。

具体实现时，距离函数可以有多种选择。经常使用的距离度量有欧氏距离：

$$d(s_1, s_2) = \sqrt{\sum_{k=1}^{n} (x_k - x)^2}$$

聚类算法将内容分类后，可以根据内容间的欧氏距离判定同类内容间的匹配度，从而将内容之间的相似度量化。

Cont_clickLink(cont_name, cont_name)关注于用户点击了某内容后又点击另一内容的关联程度。数据挖掘中的关联，是指通过找出数据集合中数据项或对象间隐藏的关联，进行决策。关联可分为：简单关联，如购买面包的客户 90% 也买牛奶；时序关联，如大唐电信股票连续上涨两天，则第三天网通股票也上涨的可能性为 75%；因果关联等。关联规则的优点有：产生清晰的有价值的结果，支持间接数据挖掘，计算消耗量是可估计的。下面给出关联规则中的有关定义。

定义 1：支持度　规则 $X->Y$ 在事务集 D 中的支持度(Support)，是指事务集中包含 X 和 Y 的事务数与所有事务数之比，记为 Support($X->Y$)。

$$\text{Support}(X \rightarrow Y) = |\{T: X \cup Y \subseteq T, T \in D\}| / |D|$$

定义 2：可信度　规则 $X->Y$ 在事务集中的可信度(Confidence)，是指包含 X 和 Y 的事务数与包含 X 的事务数之比，记为 Confidence($X->Y$)。

$$\text{Confidence}(X \rightarrow Y) = |\{T: X \cup Y \subseteq T, T \in D\}| / \{T: X \subseteq T, T \in D\}$$

定义 3：关联规则　设 $I=\{i_1, i_2, \cdots, i_m\}$ 是项的集合，其中的元素称为项(Item)。记 D 为事务 T 的集合，这里的事务 T 是项的集合，并且 $T \subseteq I$。设 X，Y 是一个 I 中项的集合，如果 $X \subseteq T$，那么称事务 T 包含 X。一个关联规则是形如 $X->Y$ 的蕴涵式，这里 $X \subseteq I$，$Y \subseteq I$，并且 $X \cap Y = \varnothing$。

如果关联规则的支持度大于等于用户给定的最小支持度阈值 minsup，那么关联规则是频繁的；如果关联规则的置信度大于等于用户给定的最小置信度阈值 minconfidence，那么关联规则是可信的。同时满足最小支持阈值和最小可信度阈值的规则称为强规则。因此，可信度和支持度大于相应阈值的规则称为强关联规则；反之，称为弱关联规则。关联规则挖掘即找出数据库的强规则。

关联规则的挖掘可以简单地分为两个步骤。

① 列出所有频繁项集(Frequent Itemset)。项的集合称为项集。项集的出现频率是包含项集的事务数，简称为项集的频率。若项集满足最小支持度(领域专家设置)，则称之为频繁项集。

② 由频繁项集产生强关联规则：根据定义，这些规则必须满足最小支持度和最小置信度(领域专家设置)。

由此可见，挖掘关联规则的总体性能由第一步决定，它是关联规则算法的核心。下面将介绍频繁项集挖掘问题。

频繁项集挖掘算法是关联规则挖掘的焦点，它决定了关联规则挖掘的性能。其中，最经典的是用 APriori 算法来挖掘频繁项集。APriori 算法是由 Agawal 于 1993 年首先提出的，以后诸多的研究人员对关联规则的挖掘问题进行了大量的研究。他们的工作包括对原有的算法进行优化，如引入随机采样、并行的思想等，以提高算法挖掘规则的效率。APriori 算法使用广度优先计数的方法来进行频繁项集的挖掘。首先，找出频繁 1-项集的集合，该集合记做 L_1。L_1 用于找出频繁项集 L_2，而 L_2 用于找出 L_3，如此下去，直到不能找到频繁 k-项集。APriori

算法的缺点也由此可见，将会产生大量的候选集，可能需要重复扫描数据库。为了提高算法的效率，Malmila 等引入了修剪技术来减小候选集 C_k 来改进性能。算法中引入的修剪策略基于 APriori 性质，即频繁项集的所有非空子集都必须是频繁的。该性质是一种特殊的分类，称做反单调(Anti-Monotone)，是指如果一个集合不能通过测试，则它的所有超集也都不能通过相同的测试。简而言之，项目集 X 是频繁项目集，则 X 的任一子集必定也是频繁项目集；反之，若 X 有一子集不是频繁项目集，则 X 肯定也不是频繁项目集。

APriori 算法的基本框架如图 5.8 所示。

```
算法：Apriori
输入：训练集 D：最小支持度 minsup；
输出：训练集 D 中所有频繁集 F；
----------------------------------------
处理流程：
Procedure_Apriori() {
L_1 = 1 阶频繁集：
    For(k = 2；L_{k-1} ≠ φ；k++) {
    C_k = Apriori_gen(L_{k-1})；          //由 k-1 阶频繁集生成 k 阶候选集
    For each t ∈ D {                    //扫描训练集
        C_t = subset(C_k, t)；           //事务 t 中所有包含的候选集
        For each c ∈ C_t
          c.count++；
    }
    L_k = {c ∈ C_k | sup(c) ≥ minsup}；
}
Return F = U_k L_k；
}
```

图 5.8 APriori 算法

APriori 算法的不足之处也由此可见：若最大的频繁项集是 k 阶的，则挖掘出所有的频繁项集需要扫描 k 次数据库；若数据库规模较大，则多次扫描数据库会带来比较大的 I/O 开销，降低了算法的执行效率。针对 APriori 算法的缺陷，一些研究者提出了频繁模式增长(Frequent Pattern Growth)算法，或简称 FP-Growth。利用 FP-Growth 算法来生成所有的频繁集，只需要扫描 2 次数据库，这样就可以大大地提高挖掘的效率。FP-Growth 算法的主要思想是将提供频繁项集的数据库压缩到一棵 FP-Tree 上，但仍旧保留项集的关联信息。然后将这种压缩后的数据库分成一组条件数据库(一种特殊类型的投影数据库)，每个关联一个频

繁项，并分别挖掘每个数据库。实践应用表明，FP-Growth 算法在挖掘长频繁模式或短频繁模式时，是有效的和可伸缩的。这是因为，FP-Tree 的挖掘算法将发现长频繁模式的问题转换成递归地发现短频繁模式的问题，然后连接后缀。使用最不频繁的项作为后缀，提供了较大的选择余地，降低了搜索开销。然而，对于很大的事务数据库，构造 FP-Tree 将占用大量的内存，因而在挖掘大规模的数据库时，该方法仍有待改进。

（2）时间分析模块

时间分析模块针对移动 SNS 数据库表中的各类表的时间戳记录分析用户行为。时间分析模块开放基于时间的接口关注用户行为和时间相关的分析，有助于分析用户行为的持续时间，尽量减少行为偶然性对于用户行为分析的影响。比如分析用户的在线时长、某用户关注某个应用的时长、用户上线高峰时段，以及用户习惯上线的时间段等。

① Time_onlineTime(user_name, period)：计算用户在某段时间内在移动 SNS 上的在线时长。

② Time_onlineFreq(user_name, period)：计算用户在某段时间内在移动 SNS 上的在线频率。

③ Time_onlinePeak( )：计算移动 SNS 用户的高峰上线时段。

④ Time_onlineHabit(user_name, unit)：计算某用户的上线习惯：如一个星期或者一个月的哪几天最常上线，或者一天的哪几个小时最常上线。

⑤ Time_stayTime(user_name, app_name, period)：计算用户在某段时间内在某个应用上的停留时长。

⑥ Time_stayFreq (user_name, app_name, period)：计算用户在某段时间内某个应用的上限频率。

用户上线时长和上线习惯的分析可以根据登录域的不同，区分出用户是用 PC 登录或者是手机登录，更方便明确用户所处的状态。由于时间分析完全可以根据用户的时间戳记录较为容易地计算得到，因此不再对各 API 展开详述。

（3）关系分析模块

关系分析模块和时间分析模块一样，是基于移动 SNS 的自有数据。表 5.3 是在 UCHome 后台数据库中简单截取的一部分数据库表，可以作为关系分析模块的分析对象，当然不局限于下面的数据库表。其中，uchome_comment 模块是评论回复留言信息表，存放用户留言、评论和回复等；uchome_friend 模块是好友表，存放好友信息；uchome_notification 模块是通知表，存放用户通知；uchome_poke 模块是招呼表，存放用户打招呼信息。

表 5.3　从 UCHome 后台数据库中截取的数据库表

模　块	字　段	类　型	Null	默认	注　　释
uchome_comment	uid	mediumint	否	0	用户 ID
uchome_comment	authorid	mediumint	否	0	若为回复，回复作者用户 ID
uchome_comment	author	varchar(1)	否	0	若为回复，回复作者用户名
uchome_friend	num	mediumint	否	0	好友之间的活动关系数
uchome_notification	uid	mediumint	否	0	通知用户 ID
uchome_notification	type	new tiny	否	0	通知是否为新:'1'新通知
uchome_notification	authorid	mediumint	否	0	作者用户 ID
uchome_poke	uid	mediumint	否	0	打招呼的用户 ID
uchome_poke	fromuid	mediumint	否	0	接招呼的用户 ID

关系分析模块开放基于关系的接口，体现了移动 SNS 最大的特点就是真实人际关系在网络上的映射。通过分析用户和好友的交互情况，能够找到用户的亲密好友、彼此基本不关注的好友、用户单方面跟随关注的好友以及单方面跟随关注该用户的好友。这些能力的开放，有助于应用开发者更有针对性地利用这些关系为用户提供便利。

① Rela_commuFreq(user_name)：分析用户在移动 SNS 中交互频率来衡量用户与好友间联系程度的强弱。短消息、站内信、针对共同话题的讨论、投票、交换真心话等，都是衡量好友间交互频率的标准。

② Rela_commuAppFreq（user_name, user_name, app_name)：分析用户在某个特定应用中与好友的交互频率，来衡量在某一特定应用中用户与好友间联系程度的强弱。

③ Rela_followUser(user_name)：用户与好友的关系并不是所有都是双方互相关注的，用户的好友可能非常关注该用户的动态，但是用户可能没有回应，通过这种情况可以分析出某特定用户的单方跟随好友。

④ Rela_followedUser(user_name)：分析特定用户所单方跟随关注的好友群体。

5.2.3.2　用户行为分析高级接口

用户行为分析能力的开放为应用开发者和用户都带来便利，为了进一步提高能力的方便调用程度，我们基于已有的基本接口中的各类整合。由于 SNS 的核心是用户关系，因此，每种封装都离不开这种基本分析能力。我们将基于用户关系分析能力与基于内容的能力整合成为 Social_Content Interface，将其余基于时间分析的能力整合成为 Social_Time Interface，最后将三者全部整合后，组成 Social_Integrated Interface。下面根据相应的接口，每个举一个 API 例子说明高级接口的优越性和可用性。

(1) Social_Content Interface(好友关系分析与内容分析相结合)

Adv_userandfriendsCont(user_name)

该接口完成了分析用户与用户的好友共同的喜好的功能，并且根据这些共同喜好的内容标签聚类出最相关的内容群，过滤掉用户已经关注过的内容，然后推荐给用户。它综合封装了基于内容和基于关系的接口，并添加了根据标签聚类相关内容的算法来共同完成这个功能。具体序列图如图 5.9 所示。

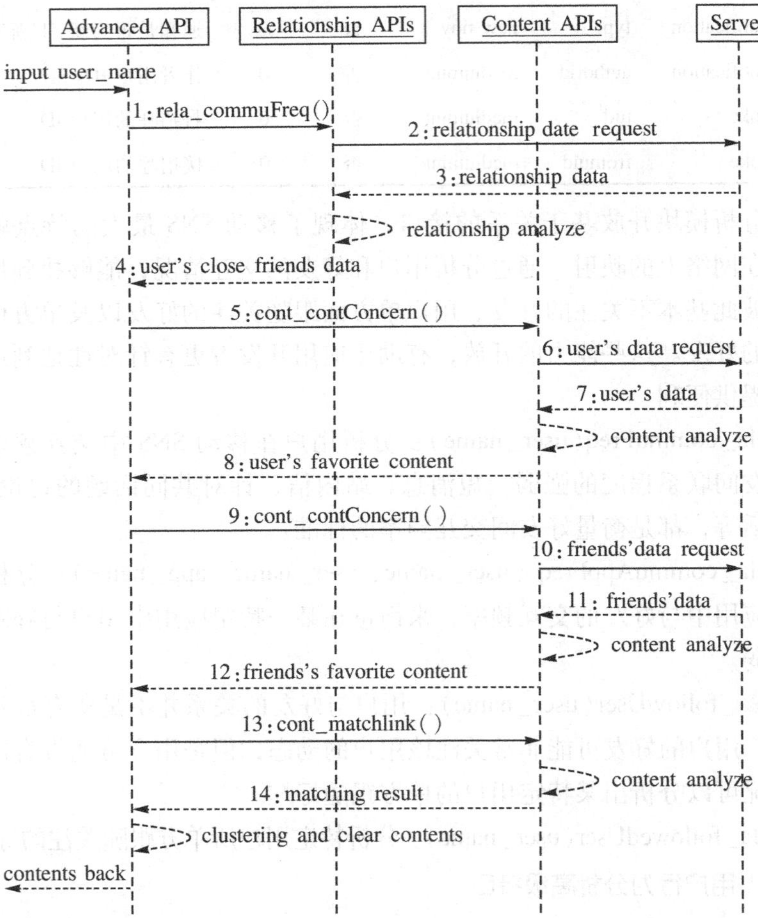

图 5.9 Adv_userandfriendsCont (user_name) 消息序列图

1 ~4: 调用了基于关系的 API : rela_commuFreq(), 分析用户和好友的交互频率，从而可以比较出用户的亲密好友，这些人的行为与用户的行为相互影响的概率更高；

5 ~8: 调用基于内容的 API : cont_contConcern(), 分析了用户在某段时间内(一般是最近一段时间)关注的内容，内容既可以来自 SNS，也可以是内容提供商通过 SNS 提供的，内容本身带有表征特性的标签，如果需要，可以用于 match 分析；

9～12：与上面过程调用了相同的 API，但是用来分析用户亲密好友的关注内容；

13～14：调用基于内容的 API ：cont_matchLink()，分析了用户和其亲密好友的共同喜好内容，这些内容带有的标签用于下面的聚类分析，聚类结果是和这些标签最相关的各类内容，然后清理掉用户已经看过的内容，最后推送给用户。

(2) Social_Time Interface（好友关系分析与时间分析相结合）

Adv_unconnectedFriends(user_name)

分析用户在某一时间段内很久没有联系的好友，其中排除由于好友本身不上线导致的双方没有交流的情况。可以用于提醒用户维护好友关系。序列图如图 5.10 所示。

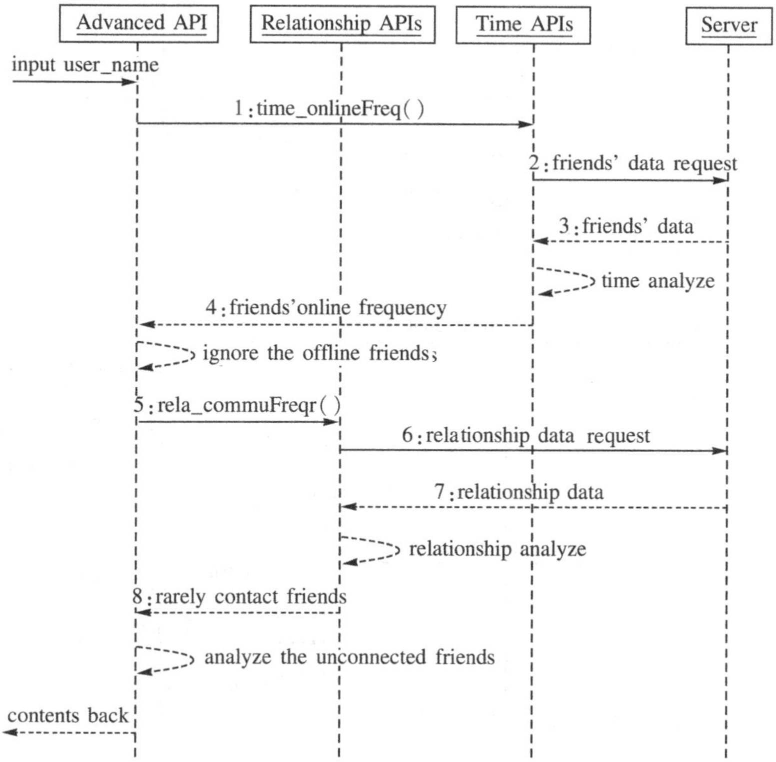

图 5.10 Adv_unconnectedFriends(user_name) 消息序列图

1～4：调用了基于时间的 API ：time_onlineFreq()，分析用户所有一度好友的上限频率，根据比较，将频率很低的好友剔除，由于用户行为分析能力希望排除由于好友个人长期不在线导致的双方沟通匮乏的情况；

5～8：调用基于关系的 API：rela_commuFreq()，分析了用户在某段时间内(一般是最近一段时间)用户和经常在线的一度好友的交互频度，从频度较低的好友开始算起，整理计算出用户几乎不联系的朋友，提醒用户清理好友列表或者及时维护好友关系。

(3) Social_Integrated Interface（好友关系分析与时间分析和内容分析相结合）

Adv_followuserHabit(user_name)

分析用户单方跟随关注的用户的上线习惯，包括他/他们通常在线的时间段和关注内容。该功能调用了全部三种基础接口，从用户关注的人出发进行分析，体现了移动 SNS 以用户关系为核心的特点。序列图如图 5.11 所示。

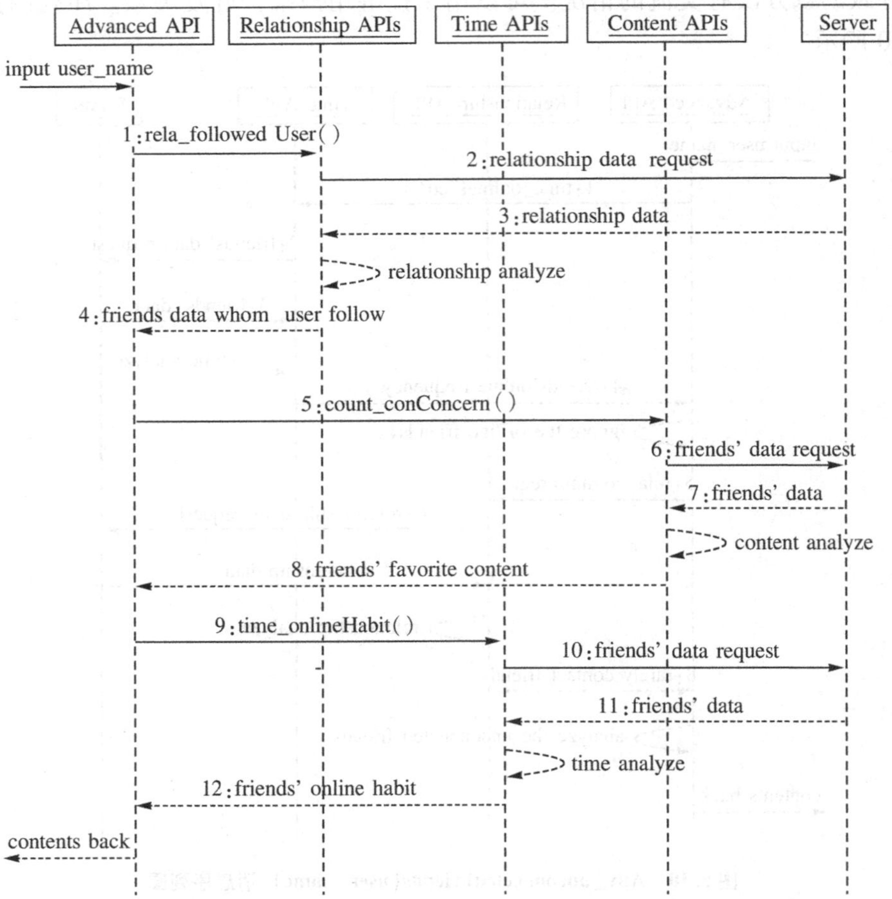

图 5.11　Adv_followuserHabit(user_name)消息序列图

1～4：调用了基于关系的 API ：rela_followedUser()，分析用户单方跟随关注的好友是哪些人，并且给予用户的这种关注习惯，给用户推送与其跟随的好友相关的更多内容；

5～8：调用基于内容的 API ：cont_contConcern()，分析用户跟随的好友在某段时间内(一般是最近一段时间)关注的内容；

9～12：调用基于时间的 API ：time_onlineHabit()，分析了用户跟随的好友最常在哪个时间段上线，分析结果可以是在一个月或一个星期里的某几天最常上线，也可以是一天里的哪几个小时最常上线。从而让用户知道自己跟随的好友的动态和所关心的内容。

5.2.3.3　用户行为分析能力在移动 SNS 中的应用

前文详细描述了能力的内部结构以及接口的定义，在高级能力的 API 消息序列图中，可以看到行为分析能力与 SNS 的交互。下面分析该能力在移动 SNS 中的部署情况。

在图 5.12 中，行为分析能力与移动 SNS 其他能力部署在移动 SNS 服务器平台，与其他能力一起对外部开放接口。应用开发者调用移动 SNS 的各种能力开

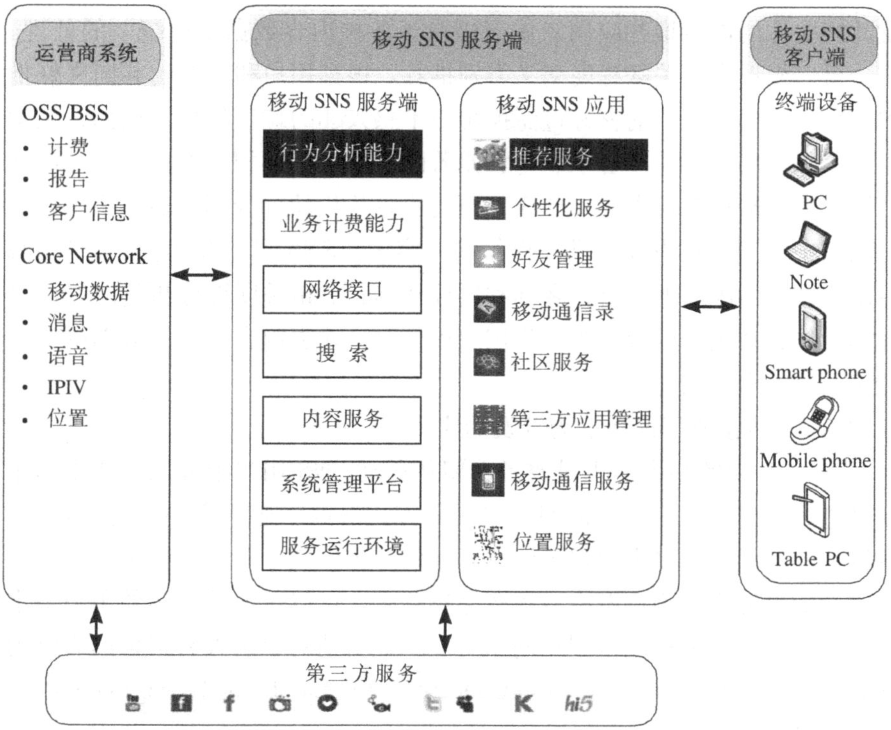

图 5.12　移动 SNS 简化架构图

发各种应用，图 5. 12 中的推荐服务就是根据行为分析能力开发的一个典型应用。从图 5. 12 中也可以看出，行为分析能力无需改变移动 SNS 平台现有结构，便可以很好地与其他能力整合，并且通过移动 SNS 服务器平台提供统一风格的接口，因此，不难看出行为分析能力在移动 SNS 中的可部署性和可使用性。

下面结合两个例子分别说明如何调用该能力开发应用。

例 5. 1　直接调用高级功能生成应用。

以推荐服务为例，现有的推荐服务大多根据用户点击的内容，向用户推荐点击过这个内容的用户也点击了的其他同类型的内容。比如，推荐与电影名称相近的电影或者系列电影，也推荐该电影主演演员主演过的其他电影，或者导演的其他电影。当然，对于电影、图书、音乐、美食、旅游等，现有的互联网服务都有如下不足：首先，推荐内容严格遵循分类，比较机械和单一；其次，推荐的内容只能够与大众网友相关，却不能与身边的好友有任何相关性，推荐的很多内容用户并不感兴趣，冗余信息太多。用户与好友的喜好和行为都是相互影响的，精准的推荐有助于用户更好地与好友交互，更频繁的交互有助于促进移动 SNS 更好的发展。而借助行为分析能力，基于高级能力开放接口开放的 Social_ Content Interface 中的 Adv_ userandfriendsCont (user_ name) 方法，可以开发针对用户和亲密好友共同关注的内容推荐应用。该应用对于各种内容数据采用统一的处理方式，因此，可以根据内容关联程度交叉类别推荐。根据用户和好友的共同喜好推荐相关内容，可以通过用户的喜好过滤掉用户不感兴趣的垃圾信息。比如，根据一部电影推荐相关的电影原声音乐、电影原著图书或者电影相关美食和旅游景点等。

该应用的数据来源参照 5. 2. 3. 1 节内容分析模块的介绍，表 5. 4 是对数据索引表的简单举例。在内容提供商提供的内容中，SNS 只保存属性、名称和标签。标签用于内容匹配度的分析，名称和属性在内容点击关联度分析的时候，可以保证准确定位到特定的内容，当产生用户操作时，才去内容提供商数据库中调用某些特定内容的全部信息。

例 5. 2　直接基于简单能力开发的应用。

移动 SNS 中的某个广告投放者希望从移动 SNS 用户中抽取一些幸运用户赠予产品进行宣传推广工作，他们采取两种方式选取幸运用户和金牌用户。首先，分析近一段时间内有多少用户关注过发布的广告信息，并从这些用户中抽取幸运用户。这能保证幸运用户至少对该产品感兴趣，可以选取其中跟随用户最多的用户为幸运用户。因为追溯该用户的用户多，证明他对于别人有很强的影响力。调用 cont_ numConcern( )，cont_ userConcern( ) 和 rela_ followUser( ) 就可以实现上述功能，具体如图 5. 13 所示。

表 5.4 推荐应用数据索引表

移动 SNS 数据表

属性	名称	标签
音乐	不能说的秘密	周杰伦,方文山,电影原声,中国台湾,流行,青春,2007
音乐	本草纲目	周杰伦,方文山,依然范特西,中国台湾,流行,2006
音乐	天意	刘德华,陈耀川,天意,中国香港,流行,经典,1994
音乐	Way back into love	Hugh Grant(休格兰特),Drew Barrymore,流行,misuc and lyric(K 歌情人),OST,2007
电影	不能说的秘密	周杰伦,杜纶镁,黄秋生,爱情,青春,2007
电影	无间道	刘德华,梁朝伟,刘伟强,动作,枪战,2002
电影	天下无贼	刘德华,葛优,刘若英,张涵予,冯小刚,喜剧,2004
电影	Misuc and Lyric	Hugh Grant(休格兰特),Marc Lawrence,爱情,英国,2007
图书	不能说的秘密	周杰伦,接力出版社,中国台湾,爱情,青春,琴谱,2008
图书	我把青春献给你	冯小刚,长江文艺出版社,传记,人物,2003
图书	哈利波特与火焰环	哈利波特,杰克罗琳,儿童文学,英国,魔幻,小说,2001

音乐类型垂直网站数据索引表

名称	标签
不能说的秘密	周杰伦,方文山,电影原声,中国台湾,流行,青春,2007
本草纲目	周杰伦,方文山,依然范特西,台湾,流行,2006
天意	刘德华,陈耀川,天意,中国香港,流行,经典,1994
Way back into love	Hugh Grant(休格兰特),Drew Barrymore,流行,misuc and lyric(K 歌情人),OST,2007

电影类型垂直网站数据索引表

名称	标签
不能说的秘密	周杰伦,杜纶镁,黄秋生,爱情,青春,2007
无间道	刘德华,梁朝伟,刘伟强,动作,枪战,2002
天下无贼	刘德华,葛优,刘若英,张涵予,冯小刚,喜剧,2004
Misuc and Lyric	Hugh Grant(休格兰特),Marc Lawrence,爱情,英国,2007

图书类型垂直网站数据索引表

名称	标签
不能说的秘密	周杰伦,接力出版社,中国台湾,爱情,青春,琴谱,2008
我把青春献给你	冯小刚,长江文艺出版社,传记,人物,2003
哈利波特与火焰环	哈利波特,杰克罗琳,儿童文学,英国,魔幻,小说,2001

接着，如果该产品是可以在某个应用中进行体验和讨论的，那么统计用户在这个应用中停留的时长，从那些在一段时间内都有稳定停留时间的用户中抽取金牌用户大奖，这能保证用户对于该产品有较长时间的关注。在这个范围内选取在应用中与好友交互最多的用户作为获奖者，也能保证用户的口碑效应。调用 time_stayTime( ) 和 rela_commuAppFreq( ) 就可以实现上述功能，具体如图 5.14 所示。

当然，根据行为分析能力能够开发的应用多种多样，其他的就不赘述了。

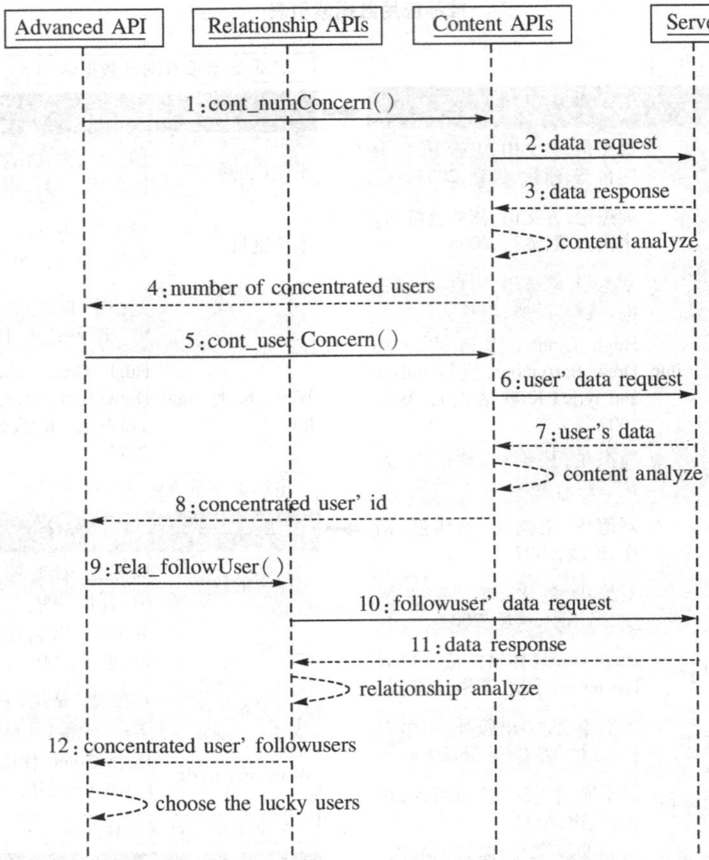

图 5.13　基本能力应用举例(1)

总之，移动互联网是移动通信的发展趋势，是信息产业发展中的一大亮点，虽然目前还未被所有手机用户充分利用，移动互联网的普及尚待时日，不仅需要丰富的应用、成熟的技术和广阔的市场，还需要能够为用户提供个性化的信息服务。

作为对传统互联网的电信网的增强和补充，移动互联网不受信息源和用户访问位置的限制，并有以统一标准提供无处不在的语音、文本及图像服务的趋势。SNS 作为互联网中的成功应用，它在移动互联网中的应用一样具有广阔的前景。而用户行为分析在获得 SNS 网站访问量基本数据的情况下，对有关数据进行分析、统计，从中发现用户访问网站的规律，并将这些规律与网络营销策略等相结合，从而发现目前网络营销活动中可能存在的问题，并为进一步修正或重新制订网络营销策略提供依据，从而提升移动 SNS 应用度。

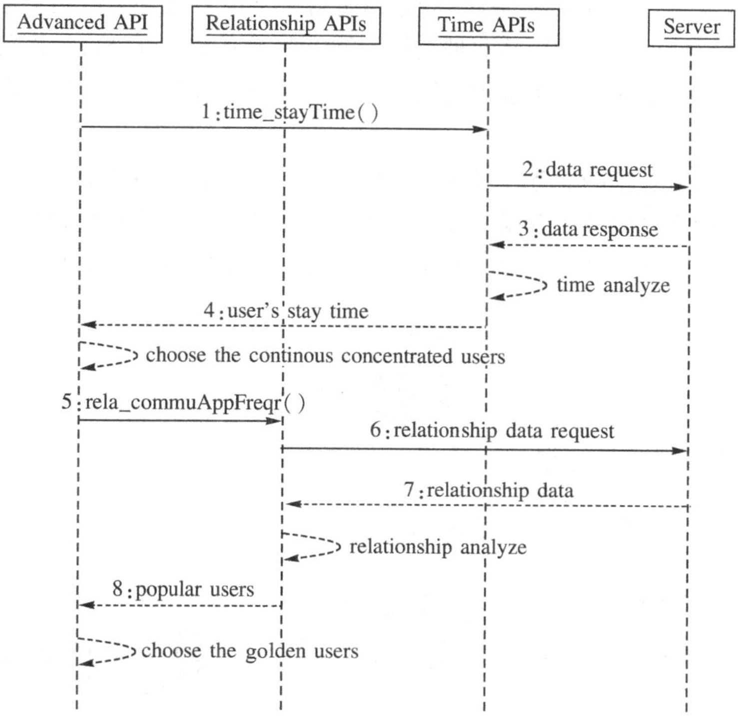

图 5.14 基本能力应用举例(2)

5.3 统一登录

5.3.1 技术背景

移动互联网用户往往拥有多个业务系统(包括移动 SNS 和传统 Web)的用户名和密码。用户为了减轻记忆负担，往往在多个系统中使用相同的用户名和密码，这样大大降低了认证信息的安全性。此外，由于在登录到每个业务系统时，要求用户输入该用户的认证信息，用户多次的重复输入极大地降低了用户的业务体验。

可见，保证用户认证信息安全和提高用户业务体验两方面存在矛盾，迫切希望出现一种缓和矛盾的技术方案。一般来说，通过向用户提供统一登录服务能够有效缓和矛盾，这也是相对来说比较快速、廉价的方案。现有的统一登录方案存在诸多缺陷，例如，需要修改业务提供方的业务服务器认证逻辑，增加新的网络功能实体，需要用户申请一个全局的 ID，不能在存在多个独立认证系统的业务环境中向外快速、廉价地提供统一登录服务等。下面对现有的适用于单个认证系统和多个独立认证业务环境的两种类型的统一登录方案进行分析。需要特别说明的是，我们均假定在遗留系统中向用户提供统一登录服务，而不是面向新构建的业务系统。

在单个认证系统的业务环境中，也就是说在整个业务环境中，只存在一套认证系统，比较常见的统一登录方案是基于经纪人的统一登录方案和基于经纪人代理的统一登录方案。基于经纪人的统一登录方案的工作原理如图 5.15 所示。

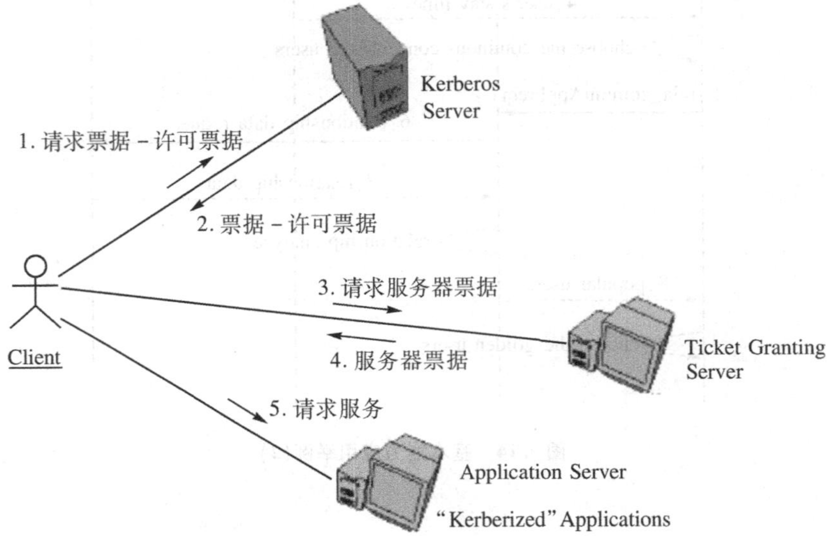

图 5.15　基于经纪人的统一登录方案原理图

如图 5.15 所示，除了应用服务器之外，为了提供统一登录服务而增加了 Kerberos 服务器和票据分发服务器。该统一登录方案的特点是，用户访问应用服务器的权限依据是由票据分发服务器分发的授权票据，在获取授权票据之前，用户必须通过 Kerberos 服务器的鉴权。此外，在访问应用服务器前，必须先获取授权票据。基于上述分析可见，系统的安全性依赖于票据的安全性，系统的部署和改造代价比较大，因为除了增加两个网络功能实体之外，还必须对原有的应用服务的认证逻辑进行修改，以使用新的用户认证逻辑。此外，从图 5.15 可以看到，在访问到真正的应用服务器之前需要大量的信息交互，这些额外的通信开销虽然是必需的，但是在大业务量的业务环境中，这些额外的开销将给系统带来巨大的压力。

另外一种统一登录方案是基于经纪人代理的统一登录方案，其工作原理如图 5.16 所示。

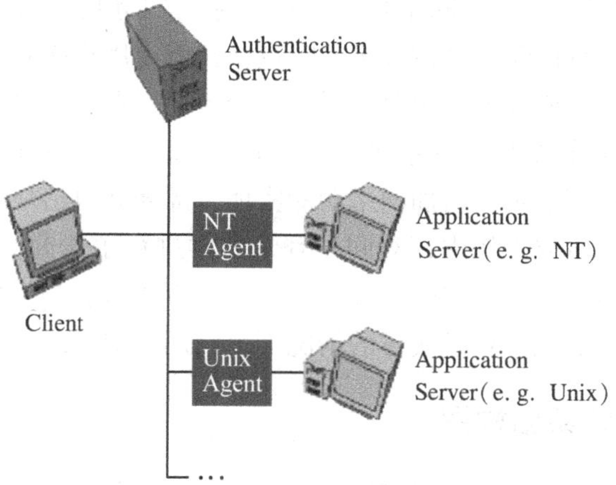

图 5.16 基于经纪人代理的统一登录方案原理图

如图 5.16 所示，在应用服务器之前出现了 Agent，这些 Agent 的主要职责是拦截用户的业务请求，负责和鉴权服务器交换认证结果，以决定是否要求用户输入该应用服务器的认证信息。尽管在本方案中没有增加额外的网络功能实体，但是可以看到，必须对应用服务器进行改造，相对于前一种方案开销较小，但是部署代价并没有有效降低。

以上两种方案均是针对单个认证系统的统一登录方案，并不适用于具有多个认证系统的业务环境，即使对上述方案进行改造能够使之适用，部署和改造代价也极大。

在多个认证系统的业务环境中，也就说在该业务环境中，拥有多个独立的认证系统。这类典型的统一登录方案是 Liberty Alliance 的统一登录方案，其工作原理如图 5.17 所示。

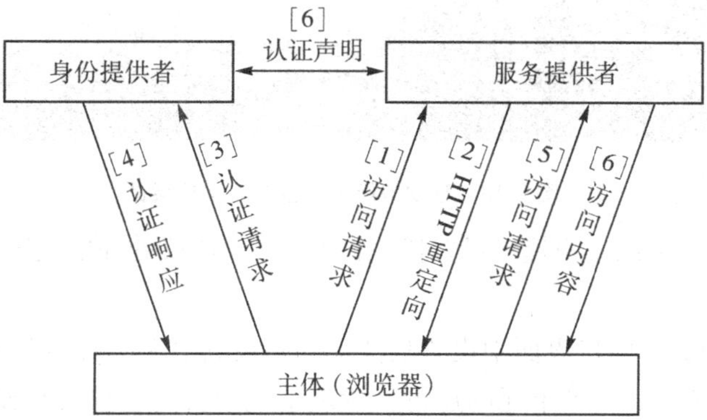

图 5.17 自由联盟的统一登录工作原理图

从图 5.17 中可以看到，除了真正提供服务的服务提供者之外，还增加了身份提供者。此外，身份联合是该方案的特点，也就说用户必须在身份提供者提供的身份联合门户上完成各个应用服务器的身份绑定，在绑定之前必须申请一个全局通用 ID，以建立起全局的映射关系。这样对用户要求的额外的联合操作，还必须修改服务器认证逻辑，增加网络功能实体，部署和改造代价都很高。

作者在参与的研究工作中，对同一登录方案进行了研究。本方案的目标是，作为在具有多个独立认证系统的业务环境中，在不要求业务提供方作任何逻辑修改且不需要增加新的统一登录实体的情况下，向用户提供统一登录服务。

5.3.2 软件体系结构图

如图 5.18 所示，统一登录模块由用户界面、管理单元、决策单元、协议处理单元、拦截单元和实施单元组成。需要特别说明的是，管理单元中的鉴权授权模块、引导模块、内存管理模块、加卸载模块、运行配置数据库、用户认证信息数据库和信息缓存区没有在图中体现，这里提及的数据库可以是存在于终端的普通文本文件。此外，协议处理单元中的协议分析功能模块和封包构造功能模块也没有体现出来。以上这些模块在框架图中没有体现的原因，一是为了保证图中各个单元风格的统一；二是本框架只是一个骨架，可以根据功能扩展需要，动态地在对应单元中加入功能模块。这个框架采用分层风格，各个单元职责清楚，便于修改和扩展。

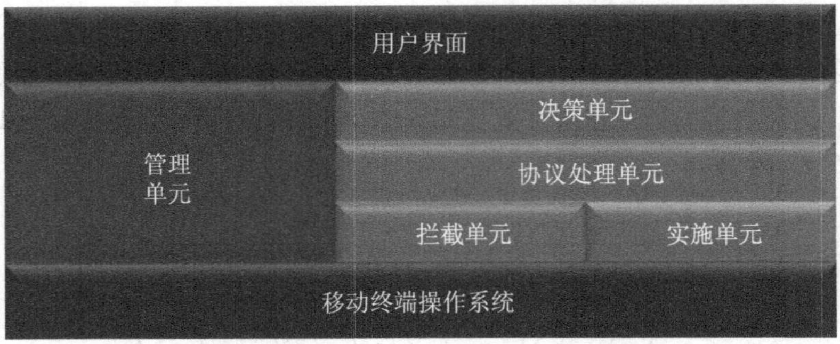

图 5.18 移动终端统一登录方案框架图

① 用户界面：向用户提供设置拦截目的端口、协议处理单元运行配置的设置功能。

② 管理单元：用户界面中设置功能的后台处理代码，控制拦截单元、协议分析单元、实施单元、决策单元的运行。管理单元中含有鉴权授权模块、引导模块、内存管理模块、加卸载模块、运行配置数据库、用户认证信息数据库和信息缓存区。

③ 拦截单元：由拦截子功能模块和路由子功能模块组成。拦截子模块根据设置的拦截目的端口拦截移动终端的网络数据包，使用拦截单元中的路由子功能将截获的数据包放到对应的协议处理单元队列中，路由子功能的路由依据是管理单元中运行配置数据库中拦截单元路由子功能的配置信息。

④ 协议处理单元：由协议分析功能和封包构造功能组成，协议分析功能负责识别访问目标地址，并使用识别到的目标地址向决策单元查询处理策略，根据返回的处理策略使用封包构造功能构造封包，并将封包放到实施单元处理队列。

⑤ 决策单元：由请求预处理模块和策略实现模块组成。请求预处理模块实现通用的安全策略。作为一个特例进行说明，预处理模块与协议处理单元配合实现用户的访问控制。策略实现模块负责处理协议处理单元的处理策略查询，根据管理单元中的用户配置信息进行决策。

⑥ 实施单元：负责将协议处理单元递交的封包下发给移动终端操作系统协议栈中的网络层。

5.3.3 功能单元分析及工作原理

本小节对软件体系结构图的各个组成单元作进一步的分析，对各个单元的工作原理进行解释说明。

（1）管理单元

移动终端操作系统启动后,将统一登录模块加载进内存并运行。管理单元是统一登录模块的第一个运行单元，管理单元内部的引导模块把拦截单元、实施单元、协议处理单元、决策单元加载进内存并运行，引导模块使命终结并退出运行。

鉴权授权模块在响应用户操作请求的时候被激活，对用户的高级操作进行鉴权，如果通过鉴权，则使用管理单元内部对应的功能模块完成用户的请求，否则对该用户的请求不予执行。

内存管理模块是为了节省内存和处理机资源而设计的一个功能模块，其职责是负责将长期不使用的协议分析模块和封包构造模块激活，即从内存调到外存。内存交换的依据是协议处理单元的模块使用频率统计，内存管理模块使用轮询的方式定时查询频率统计数据。

加卸载模块是为了配合内存管理功能而设计的，其职责是负责响应内存管理模块的激活与去激活请求。

信息缓冲区是为了加速信息访问速度而存在的。为了保证用户存储在移动终端的鉴权数据的安全，往往将这些信息进行加密处理，缓冲区加速信息访问速度的原理是在响应决策单元的查询请求时，先在缓冲区中查找，如果找不到，则到用户鉴权数据库中查找，找到以后，先把数据进行缓存，再将结果返回数据请求方。

(2) 拦截单元

拦截单元由拦截子功能模块和路由子功能模块组成。拦截子功能模块根据管理单元中运行配置数据库中拦截目标端口对指定的端口实施拦截，通知路由子功能将截获的数据包放进对应的协议处理单元的队列中，否则直接将数据包放到实施单元的队列中。

路由子模块负责将拦截到的网络数据包投递到对应协议处理单元队列中。投递的根据是由拦截单元提供的上层协议类型参数。

(3) 协议处理单元

协议处理单元的每个功能集由协议分析子功能和封包构造子功能组成。这里提到的功能集是指能够处理某种特定协议的功能模块集合。协议分析子功能负责具体的协议分析，主要是识别协议数据单元 PDU 中是否携带可以证明用户已经通过用户鉴权的字段，如果没有搜索到，需向决策单元查询用户的鉴权数据，并使用封包构造功能，将认证信息插到指定位置，最后将封包放进实施单元的处理队列中；如果搜索到认证字段，则将已分析的数据包直接放进实施单元的处理队列。

封包构造功能负责将用户的认证信息插到协议数据单元中的准确位置，构造符合协议要求的数据包，将数据包投递到实施单元的处理队列。

(4) 决策单元

决策单元是安全访问控制策略与用户鉴权信息的查询点。安全访问控制的实现机制是在决策单元响应协议来自协议处理单元的请求时，给请求方返回表示拒绝访问的预置值，协议处理单元收到拒绝访问响应，直接把现处理的数据包丢弃。此外，决策单元还在满足预置安全策略的情况下，负责向协议处理提供用户鉴权信息。

(5) 实施单元

实施单元负责将网络数据包递交给协议栈的网络层。设置实施单元的原因是，各个单元的职责更加独立，也为安全策略的实施增加了一个可选的控制点。

(6) 工作原理

本小节以用户登录两个站点为例，说明统一登录模块的工作原理，如图 5. 19 所示，并假定用户登录 www. xiaonei. com。图 5. 19 中也体现决策单元的安全策略，可以有效地克服移动终端遗失等带来的用户隐私暴露的问题。

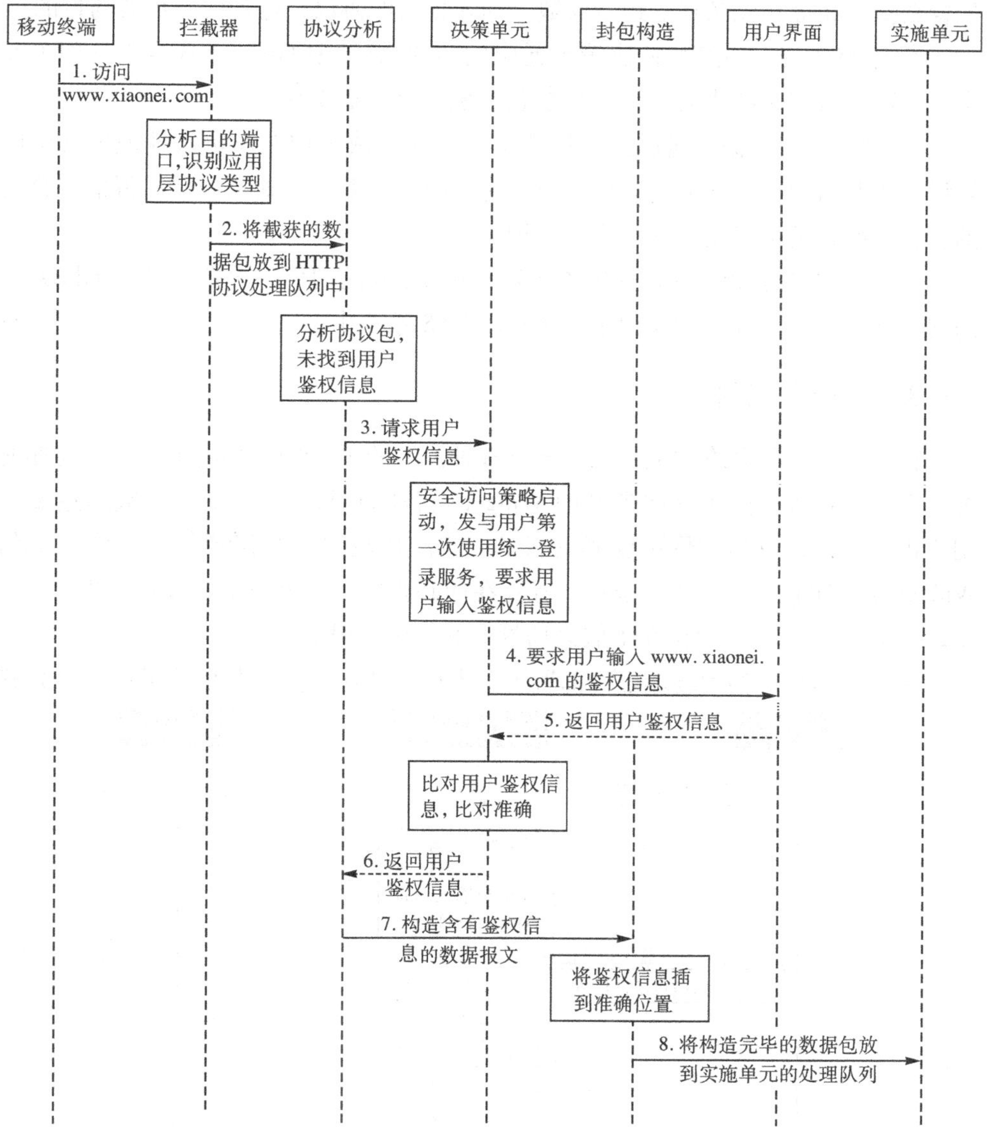

图 5.19 统一登录模块工作原理

5.3.4 扩展性分析

本方案框架采用层次化和模块化结构，具备良好的可修改和可扩展特性。下面简要总结本方案的优势。

① 协议扩展。根据协议处理单元与拦截单元、决策单元既定的接口规范实现需要扩展的协议，包括实现该协议的分析功能和封包构造功能，然后修改运行

配置数据库相关存储条目的运行参数，加入新增的协议，达到协议扩展的目的。

② 策略改变。通过替换决策单元中的请求预处理模块，或者修改管理单元中运行配置数据库的决策单元运行参数，来实现策略改变。

③ 网络安全防护。通过修改拦截单元中的拦截子功能及协议处理单元中的协议分析和封包构造功能，即可方便地进行网络数据包拦截及分析，再搭配合适的安全策略，就可以实现网络安全防护功能。

该统一登录方案解决了拥有多个系统不同账号的用户一次登录进入不同系统的问题。该方法同样可被应用于多个移动 SNS 系统中。

5.3.5　应用场景

目前，智能移动终端上往往部署有多种类型的 Widget，如网上便笺、迷你博客、个人信箱等。由于这些类型的 Widget 具备隐私特性，因此，一般通过要求用户进行认证，以达到保护隐私的目的。本应用场景就是以智能移动终端上的 Widget 来说明移动终端统一登录服务存在的必要性，展示给用户带来的便利。图 5.20 显示了统一登录模块在本假设场景上的工作过程。

现假定用户的移动终端已经部署了个人信箱和迷你博客两个 Widget，并且移

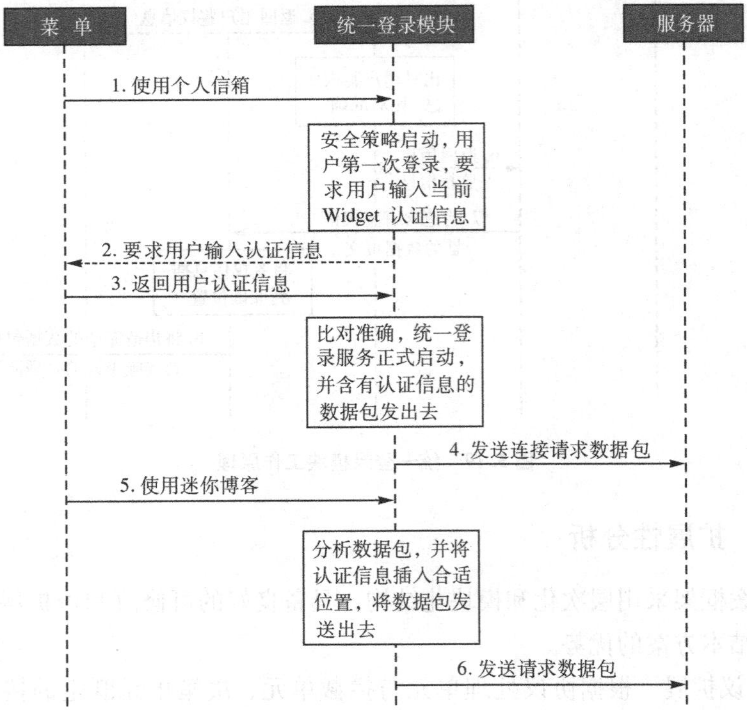

图 5.20　应用场景图

动终端也已经部署了方案的统一登录模块，已经将上面提到的两个 Widget 的用户认证信息存储在移动终端上。统一登录模块在本假设场景上的工作过程如图 5.20 所示，并假定用户先使用个人信箱，后使用迷你博客。

5.3.6 统一登录方案展望

目前，移动互联网社区是垂直化结构的，各个社区相对独立，没有提供在各个社区之间进行切换的方便手段，也就是说在用户进行社区切换时，要求输入该社区的用户认证信息，每次切换到未登录的社区时，都得重复输入认证信息，这样将导致用户体验的下降。本统一登录方案是一个过渡方案，也是一个部署代价相对较小的方案。

尽管如此，本统一登录方案还是相对复杂，为了向用户提供统一登录服务而设计的统一登录模块由多个单元组成，之所以这样设计，是由于目前各个社区使用独立的认证系统，各个社区没有建立一个统一的全局性的身份，统一登录模块必须设法解决身份多样性问题，这样就引入了复杂性。

我们认为，未来理想的业务环境应该具备一个全局的通行证，能够让用户无障碍地跨越不同的社区，例如，MSISDN 号码就符合作为全局通行证的条件。这里提及的移动站点综合服务数字编码（MSISDN）是 ISDN 的移动等价物，用于一个特定移动站点的 15 位编码。ITU-T 推荐 E.164 定义 MSISDN 基于的国际编码计划。这里指的社区包括同一企业所拥有或者不同企业所拥有，这样也就要求需要部署一个混合式的整合业务平台，该平台的主要作用是向各个业务系统提供落脚点。

基于上述分析可以看到，未来不需要部署统一登录模块也能够做到一站式登录，这样做的前提是引入一个全局的通行证，而未来的业务环境先天性具备此特性。

6 总结与展望

6.1 为什么要发展移动 SNS

移动 SNS 作为一种典型的现代信息服务，本身符合服务科学的特点。如图 6.1 所示，服务科学是由多种科学共同交叉产生的一个新的科学门类。图 6.1 中 4 种创新都是促进服务科学发展的基础。以下逐一分析各种创新对于发展移动 SNS 的推动，以此来考察发展移动 SNS 的原因。

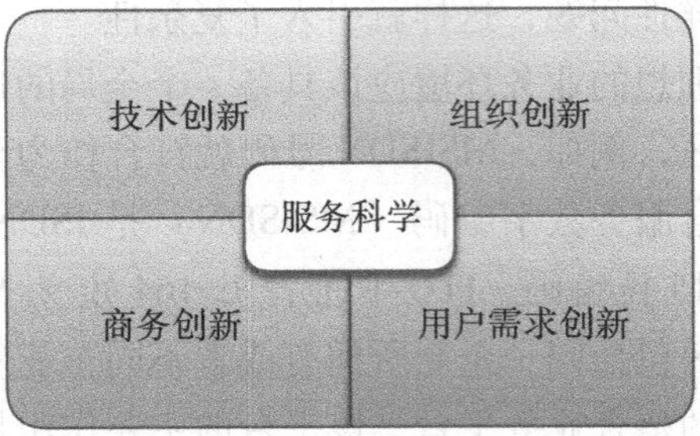

图 6.1 服务科学组成

（1）技术创新

如果从核心网的服务生成技术来说，移动 SNS 提供服务所需的网络能力现有网络已经都能支持。因此，从一段可以预计的时期看，移动 SNS 平台的服务端没有亟待突破的技术“瓶颈”。但是，智能移动终端的计算能力和接入带宽问题，应该是一个长期的制约移动 SNS 服务开展的因素。不过可喜的是，3G 时代促进移动终端发展迅速，已经集通信、娱乐和上网等功能于一身，各种新型智能终端层出不穷。例如，和记黄埔手机事业部开发的 INQ1 手机在全球移动通信大会(Mobile World Congress 2009)获得了 2009 年度“最佳移动终端奖”。该款手机由于内嵌了 Facebook，eBay，WindowsLiveMessanger，Skype 等软件而被称为全球第一款“社交手机”。联想和中国移动共同开发研制的基于 EDGE 版本的 OPhone 手机已面市，基于 TD-SCDMA 标准的手机也将上市。OPhone 内置了中国移动的多项数据业务(139 邮箱、飞信、音乐随身听、号码管家、Webkit 浏览器)，支持在线备份、一键恢复、CMMB 手机电视，同时集成了 Google talk 和

msn 组件。中兴 MU301 上网模块获得了中华人民共和国工业和信息化部入网许可，这是全球第一款 TD-SCDMA 笔记本上网模块。中国移动于 2009 年 4 月 15 日与全球 17 个 PC 厂商联合发布了 29 款 G3 上网本，17 家厂商中有接近四成的 TD 上网模块是由中兴提供的。WAP 2.0 的发展无疑也带来很多新的业务应用，比如“推服务”（WAP Push）、外部功能接口（External Functionality Interface）、统一客户存储界面（Persistent Storage Interface）和数据同步（Data Synchronization）等。Mobile 2.0 不只局限于手机，而是一切可以移动的联网设备，强调良好的用户体验和人与人的沟通，产品通常采用开放的标准，产品之间的集成和沟通更加便利，如 IMS 系统。移动 SNS 正可借助这些技术创新的优势，为用户提供更方便快捷和更易操作的深度信息服务。

（2）组织创新

SNS 致力于维护用户建立的细致的人际关系模型，同时也更多地向垂直结构发展，更关注细化分类，针对不同用户群的不同需求，形成种类更多的“专业化”的 SNS。当然，也包括 SNS 移动化以及通过移动终端用户的加入扩大移动 SNS 覆盖面的组织创新。比如，根据手机终端型号结成的手机用户群体，通过细化的 SNS 平台交流相同型号手机的性能和使用心得。用户可以从中更客观、更全面地了解某种特定型号的手机终端，手机终端制造商可以从中了解该型号手机的优点与不足，进行及时的软件升级和漏洞修复，可以对提出建设性意见的用户给予奖励，可谓双赢。

（3）商务创新

移动 SNS 能够对移动运营商提供的互联网应用和传统电信应用起到双向促进作用。运营商的很多专有业务，诸如 Web 话单查询、亲情号码、呼叫过滤、主叫名显示、短信签名、彩铃、积分兑换和移动号码本等，都可以和 SNS 集成。移动 SNS 的构建有助于运营商在未来提供真正以用户为中心的业务，增强业务的市场竞争力。移动 SNS 整合的用户以及用户社会关系数据，有可能成为运营商的新业务增长点。这些数据不但可以由运营商自用，而且在政策许可的情况下，有偿开放给第三方的 SNS 网站或者其他应用程序，从而有望催生新的盈利模式。

（4）用户需求创新

用户对于个体归属感的需求促使他们愿意采用大家都愿意用的方式与亲友保持联系，从中得到感情归属感和鼓励。互联网自我效能感（能否理解、导航、评价内容的信心）能够减轻对 SNS 网站的怀疑。自我效能增加，对待其他事务的信任也都随着增加，那么用户加入 SNS 的态度也会变得更加积极。个体的认知需求会使用户更希望加入 SNS，因为 SNS 允许朋友互相监督、彼此了解对方的兴趣和团体、讨论和收集各种各样主题的资料。对于信息细化分类的需求，对于人际关系更立体精确映射到网络的需求，以及对于 SNS 便携化的需求，都成为移动 SNS 发展的前提。

综合以上几方面，技术方面条件已经比较成熟，如果能够根据用户需求，针对商务创新方向有效地组织发展，必将推动和促进移动 SNS 这个符合现代服务科学发展规律的新兴信息服务形式的蓬勃发展。无论是需要被更加充分利用的先进技术，还是对移动 SNS 有更高需求的用户，以及希望借助创新业务盈利的运营商和第三方服务提供商，从任何角度来讲，发展移动 SNS 的理由都已足够充分。可以说，移动 SNS 已经迎来了最好的发展契机和可预期的良好发展前景，接下来的问题就是如何在中国更好地发展移动 SNS。

6.2 移动 SNS 现状及前景

2009 年初，中华人民共和国工业和信息化部向三大运营商颁发 3G 牌照。随着 3G 牌照的发放，移动互联网成为关注热点，移动互联网将是 3G 时代的杀手级应用。中国移动研究院院长黄晓庆表示：移动 SNS 作为移动互联网应用服务的新兴市场，近两年得到了快速增长。在运营商看来，天然的优势加上巨大的诱惑是他们进军 SNS 的理由，通过推出移动 SNS 站点为用户提供新的增值服务，增加用户的黏度。运营商将不再是一个连接 PC 平台与手机平台的“通道”，而将成为整个产业链的核心。

中国移动在发布 SNS 网站 139. com 的同时，还发布了手机版客户端，社区里除了可以直接对 139 邮箱进行操作外，还融合了时下流行的 SNS 社区的一切元素(博客、空间、娱乐等)。移动旨在通过 139 社区对网内用户进行进一步的融合及维系，同时通过社区内提供的各种增值服务进一步增加移动手机用户黏度，并有可能以此不断吸引新用户的加入。

中国联通也推出了一个 SNS 网站 www. u-powerbook. com，中国联通的 SNS 也整合了邮箱、手机即时通信工具、实名社区和积分商城等业务，而且其使用界面与 Facebook 十分相似。

中国电信最近再次加大了对互联网应用领域的渗透，推出虚拟 3D 社区，创新互联网社区门户模式，以面对竞争日益激烈的互联网市场。

进军 SNS 是电信运营商近年来，尤其是 3G 业务开展之后的又一重要举措。当前，电信运营商急需发展增值业务，以改善语音业务增长疲弱的现状，也希望在 3G 运营上找到“杀手级”的应用，SNS 良好的用户黏性正是运营商稳固用户并进行增值业务扩展的极佳选择。

然而，运营商发展移动 SNS 并不是没有软肋。首先，把用户的真实社会关系硬搬到虚拟的网络化社区，与互联网社区的匿称不同的是，它的用户群是以通讯号码为身份特征，这种真实得可怕的社会关系未必能得到用户的认可；其次，电信运营商在 SNS 领域扮演何种角色，目前都没有明确的思路，如果独自运营自己的平台，那么电信无疑把自己摆在各方角力的位置，竞争将会非常惨烈。另一条路是整合资源，提供 API 接口，做平台商，与其他中小企业合作，并形成产业链，这样电信运营商可以把自己放在产业链的核心位置，但这条路似乎非常漫长。

因此，在一段时间内，运营商的 SNS 还不能形成垄断，其他各移动 SNS 平台，特别是垂直型的 SNS，均有可以发展的空间。即使运营商能够解决掉发展的软肋，真正将移动 SNS 发展起来，内容提供商和应用服务商等也会有更广阔的发展空间。

6.3 谁来运营移动 SNS？第三方 V. S. 运营商

面对移动 SNS 的发展机遇，谁将运营中国的移动 SNS 呢？

可能提供移动 SNS 服务的角色应该包括内容提供商、应用服务商、设备制造商、虚拟运营商和运营商等，但总体来说，运营商的优势还是非常明显的。实际上，现在各大运营商都已经进入了移动 SNS 领域。从中国移动“139 社区”目前的测试版本来看，在普通 SNS 基础上，结合了短信、彩信、飞信、手机邮箱等中国移动特色服务，尽管在页面上类似于 Facebook，并初步具备了 SNS 网站的特点，但是功能上显然更倾向于移动互联网的运用。这说明，中国移动欲以手机用户为基础，把固有的 4.2 亿用户植入其 SNS 平台，以手机号码作为个人用户身份特征，并建立一个以手机号码为主的真实社会网络。图 6.2 示意了类似移动 SNS 增值业务的价值链模型。

如图 6.2 所示，移动运营商在移动 SNS 领域中最大的可能将扮演平台商的角色，像中国移动这样一手握住用户，另一手握住通道，如果把平台搭建起来，应用功能由合作伙伴开发并运营，通过提供 API 数据接口及收费通道的模式进行合作，这样移动运营商将始终处在这个产业链的核心位置。

中国 3G 时代的到来结束了电信运营垄断的阶段，三大运营商已经都是全业务运营，基本形成三足鼎立的竞争格局。除了形成更好的市场竞争氛围外，这也将使得虚拟运营商在我国的发展有了可能。从目前来看，成为移动虚拟运营商的市场主体大多是媒体公司、有线电视提供商、零售公司、固网运营商、国外运营商和私人投资者等。在虚拟运营商方面，国外有许多可以借鉴的成功案例。其

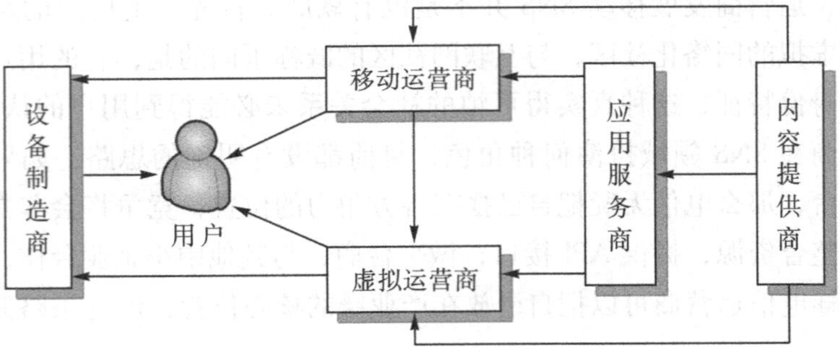

图 6.2　移动 SNS 业务价值链模型

中，发展较早的是挪威、瑞典、芬兰和英国。主要的 MVNO 运营商有 Sense，Mobyson，Virgin 和 Mint Telecom，他们最初都在本国市场开展业务，但业务计划都是要扩展到国外。在移动 SNS 中虚拟运营商可以借助或者基于某运营商的基础平台开展各项业务，有助于形成良性市场竞争。应该说，移动虚拟运营商的运营模式较好地体现了专业化分工的要求。在整个电信服务价值链中，网络运营商最擅长的优势是通信网络的建设及维护，而虚拟运营商在市场销售及品牌建设上占据优势。通过虚拟运营，将有助于发挥各自的比较优势，使电信运营商可以集中精力于网络运营管理，由虚拟网络运营商开拓广阔的市场资源。这有助于提高网络的利用率，提升电信服务水平，拓展新的服务领域，实现利润和市场的扩大化，而用户也因此得到了更优质的服务，拥有更多的选择。可以说，这是三赢模式。

内容提供商负责内容收集、制作、组织、传输和处理内容知识产权等工作。在 3G 业务中，数据增值业务的发展将成为竞争的焦点。对于移动 SNS 的长足发展而言，仅用娱乐黏着用户是不能持久的，只有将“娱乐为王”的现状逐渐转变为“内容为王”，才能够真正长久地吸引用户。因此，内容提供商在价值链模型中扮演着十分重要的角色。

应用服务商对于移动 SNS 创新应用的进一步开发有更多的精力可以投入，传统 SNS 提供商在开发移动 SNS 应用方面更有经验，甚至可以有更多的第三方厂商根据运营商开放的更多业务能力和内容提供商给予的更全面的内容信息进行综合、组织、整理、创新开发。

移动 SNS 的发展为设备制造商也带来了商机。各大运营商将订制内嵌移动 SNS 服务的手机，甚至可以集成不同种类的移动 SNS 于同一手机上。与此同时，创新应用的开发也会对终端性能提出更多要求，从而促进终端制造的更快发展，缩短产品更新周期，加速设备制造商盈利。

综上所述，移动 SNS 在中国已经不再只是一个概念，随着运营商、设备制造商、内容提供商、应用服务商，甚至虚拟运营商的积极加入，这个概念成为具体化的平台，并且为投资方实现盈利的日子将指日可待。

6.4 面临的问题与发展方向

6.4.1 SNS 面临的问题

（1）SNS 与传统 BBS 相比的不足

相对于传统 BBS 及其他门户网站，SNS 具有三方面先天的缺陷：一是内容分类与筛选；二是内容的沉淀与积累；三是与搜索引擎的交互。

第一个缺陷在内容分类与筛选方面，由于 SNS 是以人为中心来组织信息的，而人的需求爱好是多种多样的，既然以人为中心组织信息，信息不可避免是五花八门的。用户或者不来，或者来了以后，很难限制说他会讨论什么样的话题。即使是一些垂直的 SNS，经过一段时间的运营之后，里面的话题五花八门，已经偏离了创立的初衷。

第二个比较大的缺陷是内容的沉淀与积累。如果是一个传统的 BBS，假定这个 BBS 有一定的活跃度，一年以后，这个 BBS 会积累很多内容，可能有几万条甚至几十万条回复，一个新的用户来到 BBS 的时候，会看到非常多的内容。但是 SNS 社区有不一样的特点，信息被“好友关系”分割成一个一个的孤岛，即使是非常大的 SNS 社区，真正用户能够接触到的只是其中很小一部分，很多信息，如果朋友没有推荐，根本看不到。SNS 社区在内容积累方面有很大的缺陷。一个 SNS 社区有上千万甚至上亿个用户，但跟你有关的就是那么几十个，剩余的上千万还是上亿用户都与你无关。

第三个缺陷是和搜索引擎的互动。这个缺陷其实是前两个缺陷导致的必然结果。由于用户产生内容的门槛很低，SNS 社区实际上能产生大量的页面内容，搜索引擎收录这些内容在技术上也没有太大问题，Facebook 就有近 3 亿个页面被 Google 收录，人人网也有百万级的页面收录。当然，也有 SNS 社区选择了屏蔽搜索引擎，这是由其运营策略决定的，不是 SNS 的本质特征。搜索引擎在收录 SNS 社区页面方面没有困难，但在判定页面主题、决定页面权重方面有很大的困难。前面提到，SNS 的内容本来就是五花八门，没有特定的主题可言，而更重要的是，SNS 社区的页面绝大多数是一个一个的信息孤岛，缺乏有意义的内部链接，这使搜索引擎很难判定页面的权重。

（2）国内 SNS 的误区

除了以上一般性问题外，中国的 SNS 在内容形式等方面还存在特有的问题。

第一，偏重游戏，忽略了本质的社交功能。某项针对 SNS 的调查结果显示，用户对于休闲交友网站的需求逐渐多样化和理性化，他们更看重网站服务的丰富性以及对网络社交活动的实际帮助，而并非一味地追求游戏及插件等娱乐服务。虚拟活动归根结底是为实体关系服务，用户对休闲交友网站的期望更多地集中于网站的服务对其进行社交的实际帮助。游戏及娱乐只是实现这一目标的众多方式之一，而非唯一途径。但是中国的 SNS 对于社会网络服务这一 SNS 的根本问题关注不够，将过多的精力放在组件应用上，特别是网页游戏上。即便从当下火热的游戏组件看，其中也有诸多问题。游戏中充斥了大量不健康的因素，如偷盗、色情、抢劫等，其中古惑仔等游戏已经被禁止；游戏组件开发门槛低，导致各 SNS 平台的组件相似度过高，即便某一网站出现一个新的游戏，也会被其他网站短期内迅速复制。由第二点又导致了各 SNS 平台在开放时设置各种壁垒难为组件商，影响 SNS 的健康发展。近日，人人网与数个游戏应用开发者网签订了“金牌合作伙伴”的协议，获得了更高的分成比例和推广扶持。不过，协议中还规定，产品上线之日起 6 个月之内，不得接入其他和人人网有同质竞争关系的网站。虽然一些开发者认为这样的“排他”条款很不公平，但在 SNS 运营商强势的情况下也无可奈何。

第二，开放的平台重又封闭。近几年，中国多家 SNS（社交网络）跟随 Facebook，宣布开放平台。但是今天，更多的开发者们发现，中国的开放平台似乎增添更多的是封闭和人治色彩。和人人网正相反，51. com 正在抛弃大多数的 APP 插件，走向封闭。目前，51. com 上的插件应用数已经从近 400 款减少到 80 款，删除数量高达 80%。51. com 正式由开放走向了“封闭”和“联合运营”，开放平台对于 51. com 而言只是一个过去式了。

对于国内 SNS 的误区，有咨询分析师认为，国内 SNS 平台运营商选择封闭或者排他也都有自己的原因。与欧美国家相比，中国开发的 APP 插件趋于同质化、质量不高。因此，SNS 平台运营商们会采取一些自己的措施，扶植大型、优秀的开发团队。另外，kaixin001 和腾讯空间并未采取开放平台，但相反却取得了成功，这也引发了国内 SNS 运营商的思考，也许真正类似于 Facebook 的开放平台并不适合中国市场。在 Facebook、苹果的开放平台中，所有插件产品的好坏评价是由用户投票作出的，是一种自然的排序竞争。而中国 SNS 运营商则更多地把选择的权利留给了自己，他们并不十分清楚用户真正的需求。

开放平台和各种同质化应用泛滥似乎是一枚硬币的两面，国内 SNS 对于第三方应用开发商的限制，无疑是肃清平台垃圾信息的过程。当然，其中不排除不正当竞争的存在，但是人人与土豆、大众点评的合作，豆瓣与各类图书商、话剧社的合作，其实都是从产业链角度平台开放式发展的体现。因此，“排他”和

“封闭”是否真的会影响大背景下的所谓平台“开放”，也还是一个需要通过未来实践判断的问题。

6.4.2 SNS 的发展方向

6.4.1 节分析了中国的 SNS 发展中出现的问题，由此也得出了今后 SNS 发展的方向。

第一，关注社会网络的服务本质，方便用户更好地管理和发展自己的好友圈子、管理个人信息，明确 SNS 的核心价值。例如，实时动态地进行站内信、短消息等的提醒，可以方便用户快捷地与朋友联系；作为 SNS 非常重要的应用之一的新鲜事列表，也应该给用户更大的设置灵活性，以便用户可以获取最希望得到的好友新鲜事；另外，更绚丽的个人展示页面、更方便的好友获取方式等，都是 SNS 将来需要考虑改进的方面。SNS 帮助人们维护社交网络的本质在于降低用户交流的行为成本，我们所做的“整合平台”“用户数据挖掘”“用户行为分析”等，都无非是通过降低用户行为成本来便利人们的生产和生活。通过帮助维护社交网络来便利人们生活是目的，然而会有信息泛滥、隐私控制、权限继承等一系列副作用需要处理。例如，加强隐私控制，中国网民相对于西方网民，更注重在自我圈子里的个性化展示，因此，应该提供尽可能方便的隐私控制，使得用户可以安全放心地发布照片、日志等内容。

第二，关注用户需求，根据用户的差异化需求，开发新的、更契合用户需求的服务和产品。某项针对 SNS 的调查结果显示，失去兴趣是用户离开交友网站的首要原因，而目前过于千篇一律的服务无疑加速了用户对休闲交友网站的兴趣消退。因此，SNS 网站，尤其是垂直型 SNS 网站，应该重视特色应用的开发。如本书研究的移动 SNS，在架构及应用方面，均充分考虑了终端的移动性和移动用户的需求，设计了适应移动性的体系结构，并开发了特色的导航等应用。SNS 网站以“人”为本，各类垂直型互联网站以“物”聚焦，“人”“物”并重是否未来的发展趋势。当前，SNS 网站的“公共主页”中不乏各类组织机构，是以“物”聚焦的体现，也是“内容为王”取代“娱乐为王”的体现。因此，可以推断，当未来 SNS 做到“人”“物”并重的时候，人与资源的关系建模也就变得极为必要了。

第三，SNS 平台应当充分开放，与插件公司建立更紧密的关系，帮助供应链上游企业成长，将反过来促进自身的强大，生产出更精美、更强大、更黏人、生命周期更长的插件，以此来吸引更多的用户。只有真正的开放，SNS 平台和开发者建立有序生态和分工协作，才能实现双赢，逐渐形成了 SNS 平台和第三方开发者之间良好的共生关系，中国 SNS 产业才能复制 Facebook 的成功。据悉，依靠开放平台吸引插件商和用户，2011 年 9 月，Facebook 宣布其用户人数已经突破 3 亿大关，同时该公司现金流已经为正数。另有消息称，Facebook 在 2009 年营业收入将达到 5 亿美元，相比 2008 年增长了 70%。与此同时，依赖于 Facebook 的插件商也创造了令人咂舌的财富。11 月 10 日，视频游戏开发商 EA 公司以 2. 75 亿美元的价格收购 Facebook 社交游戏开发商 Playfish。根据数据，2012 年 Playfish 营业收入预计将达到 7500 万美元。11 月 18 日，Facebook 另一开发商 Zynga 获得 1518 万美元的风险投资，有传言称 Zynga 每年的收入高达 2. 5 亿美元。从长远看，只有真正开放和利益共享，才能形成真正的产业链，才能形成真正繁荣和可持续的 SNS 商业生态圈。这个时候可以说，SNS 平台的潜力唯有天空才是它的极限。既可以参考移动对 SP 的管理，也要考虑互联网本身开放的特点。

6. 5 “融合社区”

SNS 在中国起步较晚，但发展迅速。2008 年，随着插件应用的火热，校内、开心、51. com 等国内知名的 SNS 网站用户数量均出现大幅增加；除综合型 SNS 外，垂直型 SNS 也大量涌现，如婚恋 SNS 百合网、视频 SNS 风行网、商务 SNS 天际、移动 SNS 139 社区等；随着 Web 2. 0 技术的广泛应用，叽歪、嘀咕等微博客网站也发展起来。从用户的角度看，绝大多数的上网者拥有多于一个网站的账号，由于各网站间用户身份和数据无法互通，因此，用户经常需要登录不同的网站，发表日志、心情，维护每个网站的好友圈，查看好友的新鲜事并使用网站上的插件应用。重复性的操作耗费用户大量的时间，将严重地影响用户使用多个 SNS 等网站的热情。

从 SNS 的角度看，开放应用平台是开放的第一步，各 SNS 目前都在摸索前行，但其中心仍旧是 SNS 平台本身无法脱离。更深一步是开放资料和数据，将 SNS 全面融合到互联网各个角落的开放模式。在这种模式下，任何网站都可以利用 SNS 基本的社交功能，显示朋友列表及动态，在不同网站平台上直接形成交互沟通，整个互联网就是一个大型的 SNS。事实上，SNS 开放平台应该是一种终极的去中心化状态，一种真正以每个用户为中心的模式。每个用户都拥有自己的互联网社会化入口，一切的社会化网络行为都发生在用户自己所完全掌握的一个环境下面。这个时候，所有的应用供应商也都是为用户服务，而不是为某个平台服务，用户的所有个人信息都整合到一起，并按照一定的方式排序。

由以上两点可以看出，运营一个门户性质的网站进行社区融合，提高用户体验，并帮助各 SNS 网站向终极的去中心化发展，就显得非常必要。

融合社区网站与其他网站签订合作协议，协定需要的交互接口和方式；融合社区和合作网站的共有用户可以在融合社区关联自己在各网站的账户，做到身份统一，进而授权合作网站向融合社区开放自己的数据，融合社区利用数据进行分析和挖掘，为接入的网站及接入网站的用户提供附加的服务；最终，融合社区提供各个网站虚拟货币的统一管理平台，实现虚拟货币的流通，减少用户充值的烦琐，提升用户体验。融合社区并不提供 SNS 及微博客等网站为用户提供的特色服务，双方不存在同质化或者争夺用户的问题。融合社区与用户和各 SNS 的关系如图 6.3 所示。

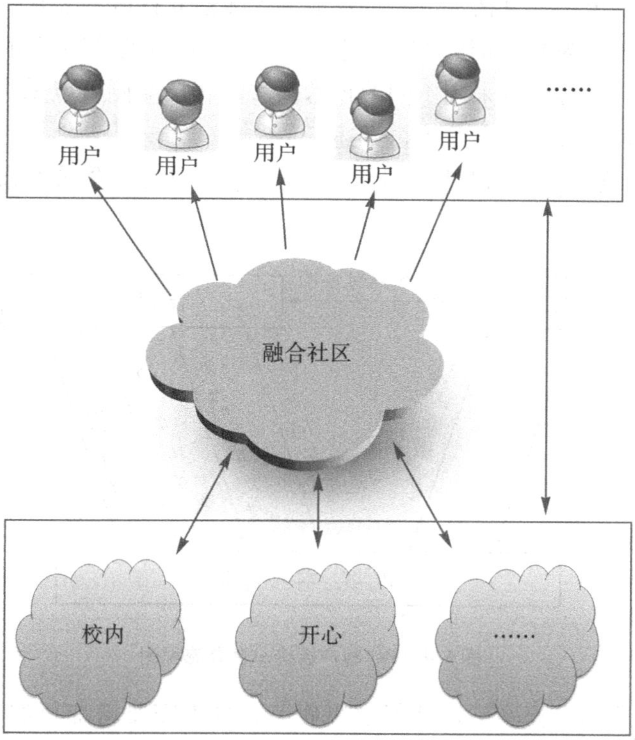

图 6.3 融合社区、用户和各 SNS 关系图

限于现有的技术及管理方面的原因，融合社区不可能一蹴而就，按上文的描述，初步将演进方案分为三个阶段。

第一阶段，无边界社区，用户进入各社区时无需再次登录；

第二阶段，共享社区，用户在各网站的应用和数据融合；

第三阶段，全流通社区，融合社区的最高阶段，用户在各网站的虚拟货币和物品可以通过融合社区的管理转换平台在其他网站使用。

本书重点讨论融合社区的技术方案，默认融合社区已与合作网站签订了合作协议，并相互提供了必要的交互接口。每个阶段的技术方案的详细内容将在下文讨论。

6.5.1　无边界社区

无边界社区的核心是实现用户身份统一，即用户在融合社区进行一次初始设置或操作，关联融合社区账号及合作网站各账号，登录融合社区账号后，点击进入关联过的合作网站无需再次登录，省去了用户一次次输入用户名和密码的烦琐，又能免除用户采用浏览器保存用户名和密码的不安全性。

目前，采用统一登录技术可以很好地实现无边界社区的要求。如本书前面所述，用户的接入分为 PC 和移动客户端，且两种客户端的性能、特点差异比较大，应分别针对不同的客户端采用不同的技术。移动客户端侧可以采用本书 5.3 节所述的统一登录技术方案，在此不再详述。

PC 客户端侧可以采用典型的 Liberty Alliance 的统一登录方案，其工作原理如图 6.4 所示。

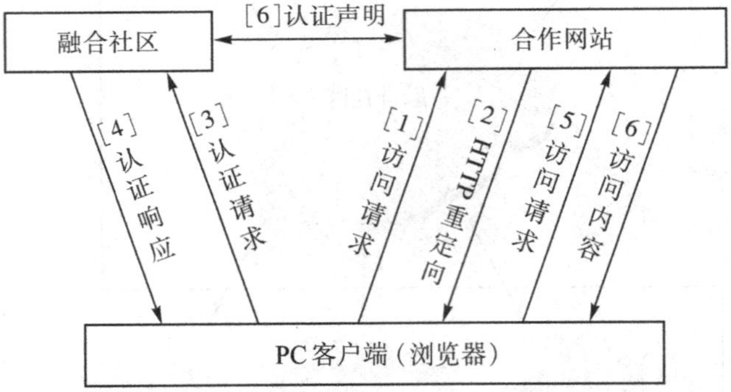

图 6.4　PC 客户端统一登录流程图

此方案不要求合作网站作任何逻辑修改，且不需要增加新的统一登录实体，就可以向用户提供统一登录服务。用户注册融合社区的账号，相当于一个全局 ID，初次使用时，将合作网站的账户与该账户绑定，建立映射关系。融合社区是身份提供者，合作网站是真正提供服务的服务提供者，融合社区通过 SAML 与合作网站交互完成认证消息的传递。

6.5.2　共享社区

共享社区的核心是实现用户数据在各合作网站间的共享，便于集中数据，进行深度的分析挖掘，进而实现部分基础应用的融合。

无边界社区虽然实现了用户在各网站身份的统一，但用户的数据仍然是孤立的，无法在网站间流通。网站如需要利用用户数据进行分析挖掘，对用户进行推送或者开发新业务，能利用的仅是用户在本网站生成的数据，对于大量垂直型SNS网站或者新注册的用户，数据量不足或者类型单一，会在一定程度上影响网站的决策和用户体验；综合型SNS如果能得到垂直型网站的数据，在进行相应类别的决策时也可以更精准。共享社区则可以使得用户数据在网站间流通起来，使得数据可以被充分利用。因此，共享社区阶段应主要解决两个问题：一是整合用户在不同SNS网站中的用户数据，包括用户个人数据、用户社会关系数据、用户生成数据和用户行为数据等；二是整合后的数据通过深度的数据挖掘和分析，可以为用户提供更方便的应用，同时利用SNS为用户提供更好的服务。

作者在参与的研究工作中对融合社区的架构进行了研究，融合社区的服务器端架构如图6.5所示。

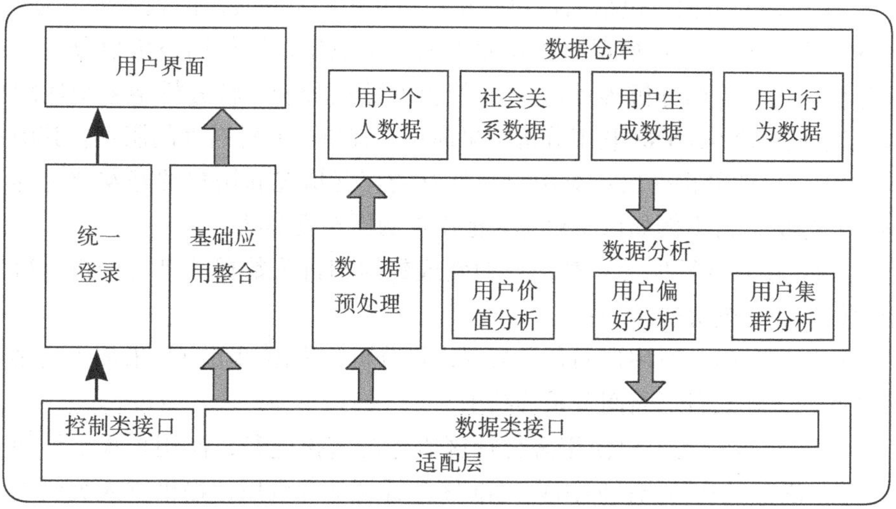

图6.5 共享融合社区服务器端架构图

共享融合社区服务器端架构图中各模块说明如下。

① 适配层：针对每个网站设置一个适配模块，转发SNS与上层各模块之间的信息，主要解决不同SNS数据格式不统一的问题。其中，控制类接口转发配置和统一登录模块与关联网站间的控制类信息；数据类接口转发数据预处理模块和数据分析模块与关联网站的数据类信息。

② 统一登录模块：解决用户在登录融合社区个人页面后，进入关联网站的个人主页或者查看某页面的登录问题，使得用户无需重复登录，即第一层次的无边界社区。

③ 基础应用整合模块：整合用户在各SNS的个人资料、好友新鲜事等基础

应用数据，根据一定的算法合并后提交用户界面，方便用户查看。

④ 数据预处理模块：对适配层提交的数据进行清理、分类、转换、关联等初步处理，实现各网站的用户数据的整合；处理后的数据存储于数据仓库中，为后续的数据分析挖掘作准备。

⑤ 数据仓库：存储和管理经过预处理的数据，其中包含用户个人数据、社会关系数据、用户生成数据和用户行为数据四类，是数据分析模块的结构化数据环境。其中：

• 用户个人数据：包括用户的姓名、家乡、联系方式等个人数据；

• 社会关系数据：包括用户的一度、二度好友，关系网络等数据；

• 用户生成数据：包括用户写的日志、修改的个人状态、上传的照片、分享的内容等数据；

• 用户行为数据：包括用户与好友的交互热度、写日志的频率等行为数据。

⑥ 数据分析模块：根据数据仓库中的各类数据，进行用户价值分析、用户偏好分析、用户集群分析等针对 SNS 特色的数据分析，将分析结果交适配层转化后，返回各 SNS，SNS 利用分析结果向用户提供更有针对性的服务。其中：

• 用户价值分析模块：对用户与好友的交互情况和用户的好友数量等人际关系进行分析，得出例如该用户对其他用户的影响度等结果；

• 用户偏好分析模块：对用户的生成数据和行为数据等进行分析，得出例如用户的兴趣、爱好等结果；

用户集群分析：对用户的各类数据进行分析，得出如用户与未加入的某些群体有共同的兴趣及各群组间关系等结果。

⑦ 用户界面：是用户使用融合社区服务的直接途径，向用户提供注册、关联各网站 ID 等设置功能；向用户提供整合后的基础应用；提供进入关联网站的链接。

共享融合社区流程图如图 6.6 所示，其各部分说明如下：

流程 a：各 SNS 网站与融合社区建立契约关系；

流程 b：用户向融合社区平台申请其服务；

流程 c：用户通过融合社区访问某个 SNS 网站；

流程 d：用户访问某 SNS 网站，SNS 网站向融合社区发送用户数据；

流程 e：用户访问某 SNS，SNS 需要融合社区提供分析数据，进行针对性服务。

本节提出的共享融合社区服务器架构解决了异构移动 SNS 网站数据融合问题，将网站中数据充分共享，达到数据深度挖掘和分析的目的，为用户运营商提供精准的数据支持，从而做到精准服务，以提升移动 SNS 服务的用户体验。

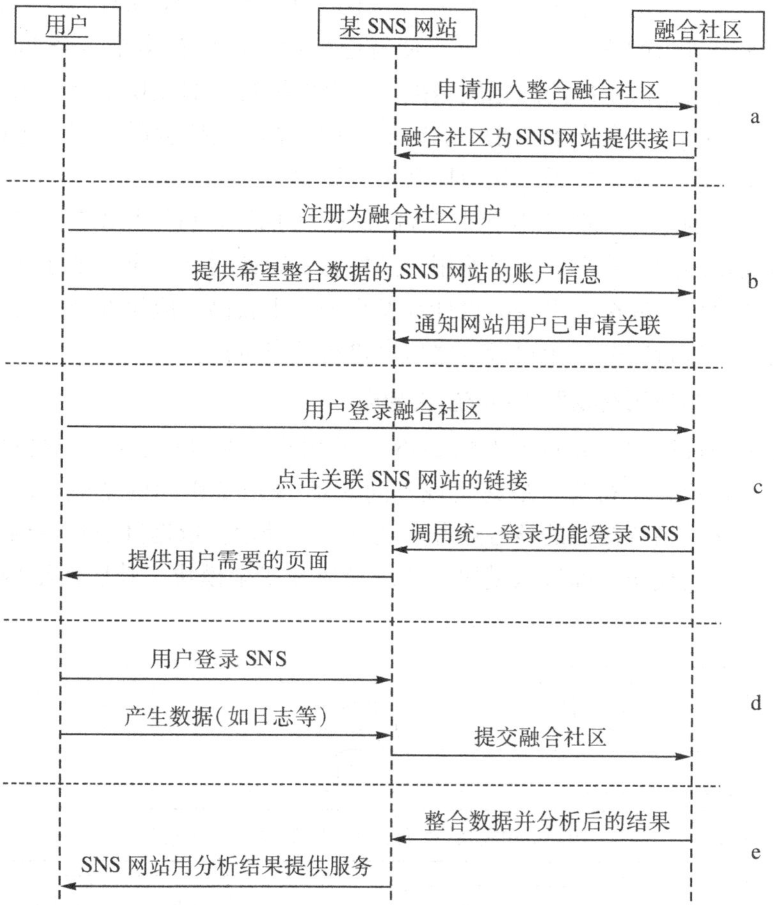

图 6.6 共享融合社区工作流程图

6.5.3 全流通社区

上面介绍的两个阶段分别实现了用户在各网站身份的统一、数据共享及部分基础应用的融合。随着 SNS 的发展，SNS 在为用户提供基础服务的同时，针对应用体验需求较高的用户，推出了具有商品交易性质的增值业务，于是虚拟货币的使用得以推广。用户使用 SNS 时，通过购买 SNS 的虚拟货币，如校内豆和开心豆等，使用 SNS 提供的付费服务。

当前的虚拟货币由各家 SNS 分别管理，互相之间无法流通兑换，虚拟世界中存在“交易壁垒”。如用户需要在多个 SNS 使用服务时，则要分别购买虚拟货币，比较烦琐；大多数 SNS 设定了用户充值的固定数额或者下限，在一个 SNS 未用完的虚拟货币无法在其他 SNS 使用，导致用户会在多个 SNS 闲置虚拟货币，这些都对用户的使用带来不便。因此，当用户使用多个 SNS 的付费增值服务时，需要一个虚拟货币的交易管理平台，使得虚拟货币可以在多个 SNS 间流通。所以，全流通社区层次解决的问题便是提供一个虚拟货币的兑换平台，采用类似于“银联”的机制，通过平台，用户可以将一个网站的虚拟货币按照一定的比例兑换为另一个网站的虚拟货币，从而提升用户体验。

需要说明的是，虚拟货币管理平台所管理的虚拟货币是用户花费金钱购买的，一旦出现问题，将会大大影响用户的好感，因此对于安全的要求较高，流程的设计也要尽可能周全，平台的设计开发维护成本较高，应该在融合社区发展到一定的阶段，进行充分的用户调查之后再进行开发推广。

6.5.3.1 虚拟货币交易管理系统层次结构

在全流通社区中，分布于不同 SNS 上的用户，通过社区统一提供的交易系统完成虚拟货币转账行为，最终实现不同 SNS 虚拟货币间的全流通。在此流通过程中，该交易系统提供的核心业务由转账系统处理。依据其业务逻辑，将该转账系统分为三大模块，即接入模块、处理模块和安全模块，其层次结构如图 6.7 所示。

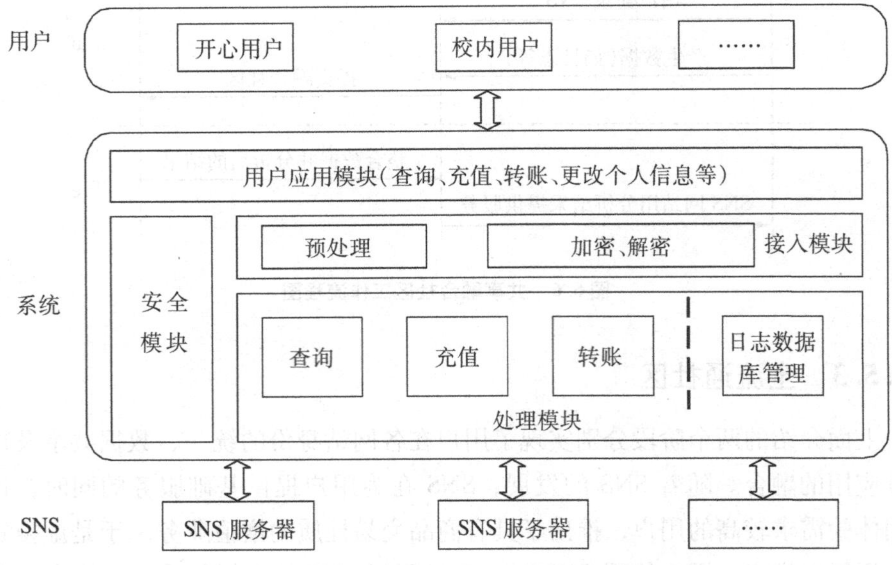

图 6.7　全流通社区组织层次结构图

(1) 用户应用模块

用户应用模块主要为用户的核心服务提供友好的界面，包括提供查询、充值和转账的服务界面；同时该模块也负责为用户提供更改个人信息等基本服务。

(2) 接入模块

接入模块主要完成两方面的处理：一方面实现了对外部发送来的交易请求消息的接收以及回送响应；另一方面完成对交易请求进行预处理及消息的加密解密工作。将该模块进一步化分为以下子模块。

① 预处理子模块。该子模块主要完成消息的解析与请求类别识别、消息合法性检查等。在从 SNS 用户处接收到请求后，该模块从消息中解析出发送请求的用户源(请求发自所属某 SNS)及请求类型(查询或者转账)。

在合法交易进一步处理之前，该子模块还需对某些域，如流水号、交易日期、时间和交易逻辑日等进行预赋值。

② 加密、解密子模块。为保证交易的保密性及安全性，在交易系统中，大部分数据均以密文的形式传输。密钥的安全涉及所有数据的安全，因此，该子模块根据其特定的加密、解密算法，完成系统数据安全性工作。来自不同 SNS 的用户请求均已在本地 SNS 完成加密行为。在交易接入时，需经该子模块完成解密工作，以便进一步开展消息解析等工作。在本系统向 SNS 用户发送响应等消息时，同样需经该子模块进行加密，以保障消息的可靠性。

（3）处理模块

处理模块实现了转账交易系统的核心功能，主要完成交易的处理功能，即虚拟货币的兑换、交易管理、流水记录功能等。处理模块包含的子模块有查询、充值、转账、日志和数据库管理。

① 查询。在交易过程中，完成用户查询某 SNS 虚拟货币账户信息(如余额)的功能。用户需输入查询的 SNS，系统负责向该 SNS 发送请求，并返回该 SNS 账户信息(如余额)给用户。

② 充值。充值模块提供了用户通过网银、支付宝等对 SNS 账户充值的功能。充值模块负责将用户接入网上银行，在网上银行验证、确认用户银联账户、划除充值额度后，系统负责向 SNS 提供充值信息，并将成功充值的信息返回给用户。

③ 转账。转账模块实现了源 SNS 向目的 SNS 虚拟货币转账的功能。用户需要发送转账请求和源、目的 SNS，转账模块负责将转账请求发送给源 SNS，源 SNS 经过账户检验后，转账模块负责向源 SNS 和目的 SNS 依次发送款项减加的命令，并最终向用户返回成功转账和余额信息。在转账过程中，源 SNS 和目的 SNS 保证了数据库的原子性和一致性操作；同时，日志和数据库管理模块协作了转账操作，当转账不成功时回滚，保证转账的原子性和一致性。

④ 日志及数据库管理。经由转账、充值等交易处理的所有交易信息，均以流水的形式记录在数据库列表中。转账处理中的流水记录包括交易号、交易日期时间、交易类型、交易金额等。当转账系统每接收到一条交易请求响应后，系统则在数据库中新增一条记录(无论交易成功与否)，并在转账完毕前更新交易列

表。

在此过程中，日志内容随转账业务的进行实时更新，记录交易过程。在处理转账过程中，若出现异常，系统将把异常信息记录在日志文件中，以提供系统维护时分析参考。

(4) 安全模块

在整个交易过程中，该模块起到实时监控、安全控制的作用。针对每一次交易，转账系统在收到转账请求和应答消息后，均通过系统内部的消息传递机制向该模块发送相关信息，进行交易信息的实时监控。交易监控信息包括交易号、交易日期时间、交易类型、交易金额、响应方标识、响应码等。

另外，在交易过程中出现的安全问题，如数据库异常等，安全模块将产生自动冲正交易，以确保交易的一致性和完整性，完成其安全控制的作用。

安全模块通过实时监控、对密钥块的保护、交易信息的鉴别等安全措施，保障了转账交易的安全进行。

6.5.3.2 虚拟货币交易管理系统主要流程

全流通社区系统主要的交易流程图如图 6.8 所示。

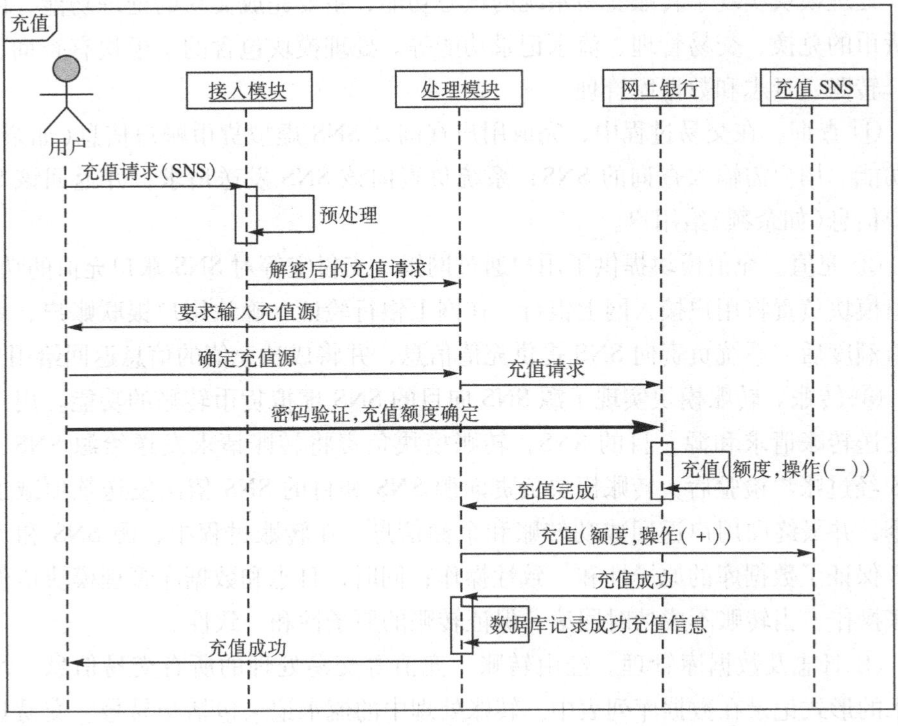

图 6.8 充值模块主要流程图

（1）充值模块

充值模块的主要功能是完成用户从网上银行到 SNS 的充值。

① 充值模块的主要流程：

- 用户通过接入模块的预处理、加密、解密模块向处理模块发送充值请求，之后处理模块询问用户充值金额，并要求用户确认充值；
- 用户向处理模块确认充值，并选择充值源，处理模块连接用户选定的网上银行；
- 网上银行完成用户的安全验证、充值额度确定、检查额度等操作，并向处理模块发送操作成功的信息；
- 处理模块充值 SNS 发送充值信息(包括额度和减加操作)，数据库记录成功充值操作，并向用户返回充值成功信息。

② 充值模块扩展场景：

- 用户不确认充值，充值模块结束；
- 网上银行对用户安全验证或额度检查没有通过(如用户不合法，用户网上银联账户余额不足以支付充值)，网上银联发送给处理模块失败操作信息，处理模块返回给用户，交易结束；
- 网上银行或充值 SNS 充值不成功，未返回充值成功信息，处理模块回滚至向网上银联发送充值信息前，同时向已扣除或增加余额一方发送取消信息，向用户发送充值失败信息。

③ 说明：

在充值操作过程中(从网上银行向处理模块发送可以充值信息到充值 SNS 向处理模块发送充值成功为止)，日志应该同时记录。

（2）查询模块

查询模块的主要功能是实现 SNS 虚拟货币账户信息的查询。

查询模块的主要流程如图 6.9 所示。

- 用户首先通过查询请求发送给接入模块，接入模块通过预处理和解密，将请求发送给处理模块；
- 处理模块将查询请求发送给被查询 SNS，被查询 SNS 返回账户信息；
- 处理模块通过接入模块将被查询 SNS 账户信息返回给用户。

（3）转账模块

转账模块的主要功能是实现帮助用户实现虚拟货币的从源 SNS 向目的 SNS 的转账功能。

转账模块的主要流程如图 6.10 所示。

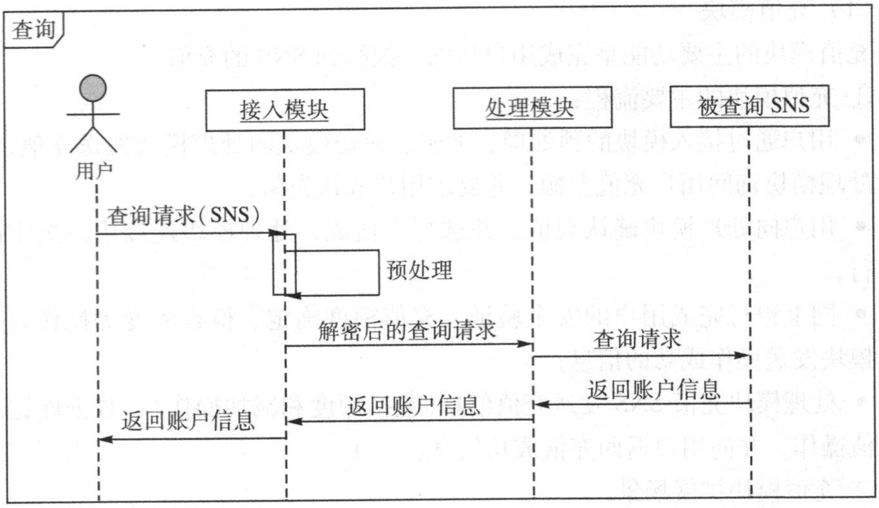

图 6.9　查询模块主要流程图

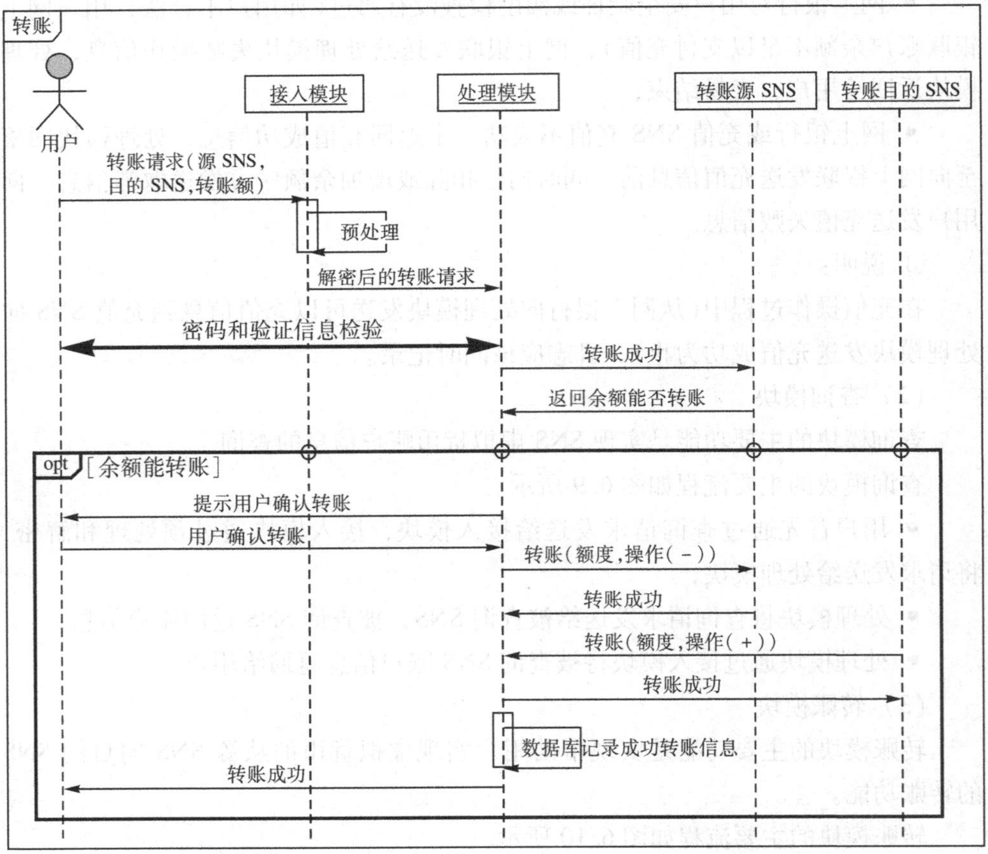

图 6.10　转账模块主要流程图

① 转账模块的主要流程：

• 用户转账请求(包括转账源 SNS、目的 SNS 和额度)通过接入模块的预处理和解密后，发送至处理模块；

• 处理模块要求用户输入密码和验证信息，并向转账源 SNS 发送转账请求，转账源 SNS 返回余额，以验证该账户是否可以转账；

• 余额充足，用户确认转账，处理模块先后向转账源 SNS 和转账目的 SNS 发送转账请求(包括数额和减加操作)，接受转账成功信息；

• 数据库记录成功转账信息，处理模块向用户返回成功转账信息。

② 转账模块的扩展场景：

• 用户未通过密码和验证信息检查，转账失败，系统退出转账；

• 源 SNS 账户余额不足以支付转账或用户未确认转账，转账失败，系统退出转账；

• 源 SNS 或目的 SNS 转账不成功，未返回充值成功信息，处理模块回滚至向源 SNS 发送转账信息前，同时向已扣除或增加额度一方发送取消信息，返回用户发送充值失败信息。

③ 说明：在转账操作过程中(opt 框内)，日志应该记录。

6.5.3.3 扩展应用

当前，第三方应用商开发的在线网络游戏已成为保证 SNS 网站用户黏着度的重要手段，游戏中的各种道具等虚拟物品也存在类似于虚拟货币的问题，无法在 SNS 间流通，除开心的停车位和买房子两个游戏可以按比例兑换游戏币外，绝大部分同一个 SNS 的插件游戏之间也无法进行虚拟物品的兑换和流通。

目前，SNS 和插件商的关系有两种：一种如开心、51. com 等 SNS，插件商将开发的插件一次性地出售给 SNS，由 SNS 运营插件，所有的逻辑和数据均保存在 SNS 的服务器上，在这种情况下，实现不同 SNS 间虚拟物品的流通与虚拟货币在不同 SNS 间转账的系统框图和流程基本类似，用户请求通过融合社区的管理系统提交到 SNS 服务器；另一种如校内、Facebook 等 SNS，对外提供接口，插件商利用 SNS 提供的用户信息及好友关系为用户提供插件服务，游戏逻辑及除好友关系外的数据信息存储于插件商服务器上，对于这种情况，用户请求由融合社区的管理系统发出，经 SNS 服务器转发到插件商服务器，其余流程相同。

虚拟物品的管理不仅涉及多个 SNS，还涉及数量更为庞大的插件商，管理较为复杂，同样应当做好前期的用户调研工作。

6.5.4 初显端倪

2009 年 10 月，人人网通过“人人连接”技术，实现与土豆网、互动百科、蚂蜂窝、大众点评网、爱卡汽车网等各垂直领域优秀网站的全面连接。可见，融合的思路已经是大势所趋。但是从技术层面看，“人人连接”技术距离融合社区的第二层次还有些距离。“人人连接”技术使用户可以用人人网账号登录合作的网站，相当于双方用户做了简单的加法；实现了数据一定程度上的流通，但是数据的流通仅限于人人网与单个的合作网站之间，因此，“人人连接”并没有真正实现用户身份在各网站的统一，用户在各网站的数据也没有实现真正意义上的整合。

如上所述，经过无边界社区、共享社区和全流通社区后，融合社区的构想基本完成时，用户在各合作网站间的身份得到全面统一，数据和应用得到了很大程度的融合，极大地提升了用户体验，减少了网站、插件商的自身管理压力，提高了服务水平，实现了各方面共赢的局面，距离终极的去中心化 SNS 也仅有几步之遥。

6.6　分布式移动 SNS 应用

如果说在 6.5 节提到的去中心化状态是从每个人的个体角度强调 SNS 的终极状态，那么分布式的 SNS 应该是从网络角度强调 SNS 的未来状态。每个人的实际社交网络原本就是分布式和去中心的，是和每个人自身紧密相关的。社交网站的出现，其实就是将实际的社交网络数字化存储，并进行集中数据挖掘。这种从现实到虚拟、从分布到集中的过程，使“六度分割”理论在实际中得以真正运用。因此，有研究认为，社交网站在从根本上改变了人际交往和社区活动等社会生活方式方面，具有很大的潜力。

但是从人们的日常应用体验角度看，集中式的 SNS 存在下列问题：一是维护独立的社会领域是人类心理的一个基本特性，这种特性限制了 SNS 站点的使用；二是集中式的 SNS 或者集中式的移动 SNS 能够将人际关系网的资源完全挖掘出来，这样将用户的个人隐私完全暴露，设计一个便利和可信的 SNS 服务比较困难；三是集中式的 SNS 较多，各个系统间不能互通，这样导致了同一个用户在不同站点拥有不同的社会关系网络。

基于上面的理解，也许现存的各种集中式社交网站面临着颠覆性的挑战，分布式 SNS 的广泛应用只是时间问题。我们相信，完整的分布式 SNS 必定是建立在分布式的网络基础上的，比如说 P2P 网络和智能感知网络等。对于这样的未来状态，我们现在还缺少来自实际需求的感性认识，因此。在这里主要讨论分布式 SNS 的应用。

6.6.1 基本思想与系统架构

分布式 SNS 应用基本思想是将个人的社会关系网络保存在自己的终端，用户在特定场所的评论和活动等数据保存到在该场所提供服务的服务中心，服务中心使用用户的 FOAF 作为登录其他相关互联网服务站点(如 SNSs，BLOG，BBS 等)的身份标识。分布存储的 FOAF 描述的用户信息，在经过用户授权后，可以通过聚合形成一个社会网络。

FOAF（Friend-of-a-Friend）是一种 XML/RDF 词汇表，它以计算机可读的形式描述用户通常可能放在主 Web 页面上的个人信息之类的信息，例如，个人基本信息(姓名、电子邮件地址等)以及相关朋友的信息。在 Web 服务器上创建一个或多个 FOAF 文件并共享 URL，从而相关软件可以使用该文件内的信息。通过 FOAF 文档，不但可以得到文档描述的用户信息，更重要的是还可以获得哪些人和文档描述的用户有直接关系。如果这些人也发布了 FOAF 文档描述他们朋友的信息，通过 FOAF 文档数据的关联，可以得到一个社会网络。另外，通过 FOAF 的朋友关系也可以得到一个隐形的信任网络。下面是 FOAF 描述个人信息的实例。

```
<foaf:Person rdf:about = "#me" > xmlns:foaf = "http://xmlns. com/foaf/0. 1/" >
  <foaf:name > Dragon Fly </foaf:name >
  <foaf:mbox > zlc_771206@ sohu. com </foaf:mbox >
  <foaf:homepage rdf: resource = "http://dragon. org/" / >
  <foaf:img rdf:resource = "/image/me. jpg" / >
  <foaf:icpChatID > 22427291 </foaf:icpChatID >
  <foaf:phone rdf:r" tel: +86 - 10 - 62282297" / >
  <foaf:knows >
    <foaf:Person >
        <foaf:name > Roger moore </foaf:name >
        <rdfs:seeAlsso rdf:resource = " http://etpd. org/actor/newsom. foaf" / >
    </foaf:Person >
  </foaf:knows >
  <foaf:Group >
    <foaf:name > ILRT staff </foaf:name >
    <foaf:member >
      <foaf:Person >
        <foaf:name > Libby Moller </foaf:name >
        <foaf:homepage rdf:resource = " http://ilrt. org/prople/Libby/" / >
```

```
        < foaf:workplaceHomepage rdf:resource = " http://www. ilrt. bris. ac. uk/" / >
      < /foaf:Person >
    < foaf:member >
  < /foaf:Group >
  < foaf:holdsAccount >
    < foaf:OnlineAccount >
      < rdf:type rdf:resource = " http://xmlns. com/foaf/0. 1/OnlineChatAccount" / >
      < foaf: accountServiceHomepage rdf: resource = " http://www. freenode. net/irc_
servers. shtml" / >
      < foaf:accountName > danbri < /foaf:accountName >
    < /foaf:OlineAccount >
  < /foaf:holdsAccount >
< /foaf:Person >
```

它描述了用户的个人信息，包括名字、邮件、个人主页、icq 号、相片和电话等属性。实例中的朋友关系用 foaf：knows 描述，群组使用 foaf：Group 描述，在线账户使用 foaf：OnlineAccount 描述。FOAF 描述的用户信息不但可以分布存储，还可以使用它作为用户的身份标识登录到各个已有在线系统中。

分布式移动 SNS 应用系统的整体框架如图 6. 11 所示。

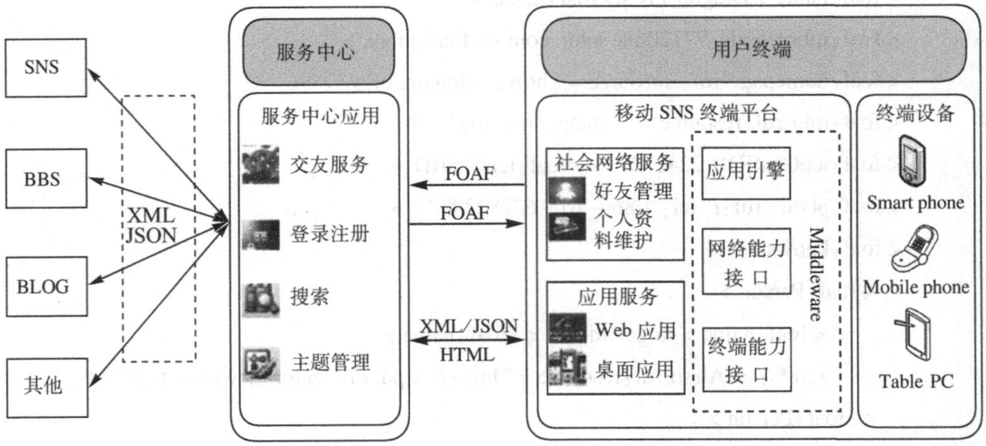

图 6. 11　分布式移动 SNS 应用的系统框架

分布式移动 SNS 应用系统由用户终端、服务中心以及提供相关服务的服务站点（如 SNS，BBS，BLOG 等）组成。

用户终端需要在已有的用户终端设备上增加移动 SNS 终端平台，该平台包括社会网络服务功能模块和应用服务模块。社会网络服务模块用于维护用户的详细身份和其社会网络关系，在分布式移动 SNS 系统中，分别由个人资料维护和好友管理模块完成。应用服务模块是用户访问互联网服务的关键模块，应当包括两种类型：Web 应用——通过移动终端浏览器直接浏览互联网服务；桌面应用——运行于终端的应用程序调用远程互联网服务。两种应用类型与服务中心的交换数据的格式主要基于 XML，JSON 和 HTML。移动智能终端应该可以支持终端侧的社会网络服务模块的正常运行，还能提供一定的能力和开放接口。

服务中心用于在特定场所下提供主题服务功能(如在书店提供书评主题服务等)，也提供推荐好友服务。服务中心既可以主动推荐好友，也可以根据用户的需求操作。它将好友列表提交给移动终端，然后由终端的好友管理模块处理相关信息。好友推荐采用算法可以是内容匹配，内容加社会关系(CplusL)，FOF，SOANR 四种算法。搜索服务能够进行服务中心站内的信息搜索，主要是与该场所提供服务相关的用户生成信息的搜索。登录注册服务用于验证用户是否具有访问服务中心的权限，其通过用户提交的 FOAF 文档(不包括 foaf：knows 部分)确定用户是否在服务中心注册过；如果没注册过，则使用 FOAF 文档注册，否则登录。SNS，BBS，BLOG 等是服务中心获得用户相关活动信息的数据源，也可以将用户在服务中心的活动信息提交到 SNS，BBS，BLOG，数据归属用户的身份通过身份匹配算法确认；两者间的数据交换使用 XML/JSON。主题管理是服务中心用来维护本特定场所提供的主题服务的模块，与一般的 SNS 中的主题管理功能类似。

6.6.2 应用场景验证

下述两个场景是与现实生活相关的 SNS 应用场景。两个场景的共同要求是用户的社会关系网络独立维护和各个服务中心能够识别用户的身份。本节通过下述场景分析 DMSNS 系统在实际应用中的可行性，同时解决了用户独立维护自己的社会网络、个人社会网络不公开和用户在多个社区活动身份不一致等问题。需要特别说明的是，下文提出的两个应用场景都部署了可感知用户信息的无线网络。应该说，搭建符合如此场景的无线感知网络的途径较多，而且技术也较成熟，因此，本书只是借助这样的网络环境，而并不关注其基础网络的搭建过程。

场景 6.1

假定一个用户进入音像图书零售商店要选购几本书，此时他想先了解一下好友对某些书的评价。假设用户持有的移动智能终端可以通过 WIFI、蓝牙或者 RFID 等无线途径被服务中心感知，同时该音像书店的服务中心提供书籍评论主题服务。该服务中心既可以是图书商店自行设立的，也可以是某个 SNS 主题服务的运营商提供的。下面描述分布式移动 SNS 系统在本场景是如何运用的。

图 6.12 所示是分布式移动 SNS 系统在场景 1 中的业务流程。用户进入提供

书籍评论服务的音像图书零售商店，用户的终端已经使用终端社会网络服务模块维护了用户的个人信息和好友信息。服务中心感知到用户的 FOAF 信息，并验证用户是否在服务中心有过记录；如果没有用户的相关活动，则服务中心需要为用户注册基于 FOAF 信息的新账户；如果有用户的相关活动记录，则不需要注册，使用原有用户信息登录。用户浏览书店中的相关书籍后，提交查看好友对该书评论的请求。为了实现服务中心的书评服务自动为用户推送相关评价信息，需要根据用户的 FOAF 和主题，从相关社区交流模块中获得用户好友关于书评的主题信息，此时服务中心需要根据用户的 FOAF，从 SNS，BBS，BLOG 等互联网服务站点中下载用户好友的书评信息。书评信息经过服务中心分类展示给用户，用户能够通过 Web 应用直接浏览，也可应通过桌面应用获得。另外，服务中心自动计算用户好友的相关评论信息，这样需要获得用户的好友信息，存在用户好友泄密的可能。

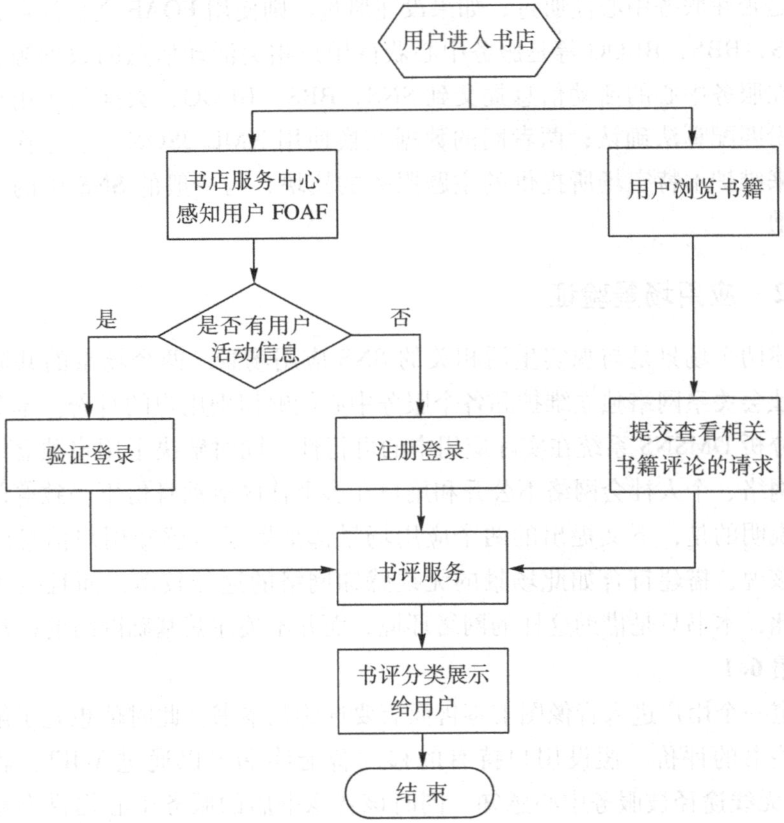

图 6.12　场景 6.1 的分布式移动 SNS 系统业务流程

场景 6.2

李明与张红并不认识，同时进入一家咖啡厅。咖啡厅的服务中心基于注册用户授权开放的信息，提供交友服务。李明通过服务中心获取张红的信息，同时了解到张红喜欢听的钢琴曲。李明向张红介绍了自己，并想请她喝杯东西。张红通过服务中心也了解了李明的情况后，欣然答应。这时，咖啡厅的工作人员根据李明的点播要求，播放了一首张红最喜欢的钢琴曲。下面描述分布式移动 SNS 系统是如何实现场景 2 的。

图 6.13 所示为 DMSNS 系统在场景 2 中的业务流程。李明进入咖啡厅，启动了服务中心提供的搜索好友服务。服务中心感知咖啡厅内当前的注册用户，根据用户授权开放的 FOAF 信息，选择了部分用户展示给李明。李明通过服务中心获取其中一个叫张红的用户在咖啡厅内的活动信息，服务中心在得到张红的授权后，将她的部分活动信息返回给李明。李明向服务中心提交与张红交友的请求，服务中心获得张红和李明的完整 FOAF，比对其社交网络中的相同好友信息，并发送给张红；李明同时向服务中心提交了点播张红喜欢的钢琴曲的请求。张红看

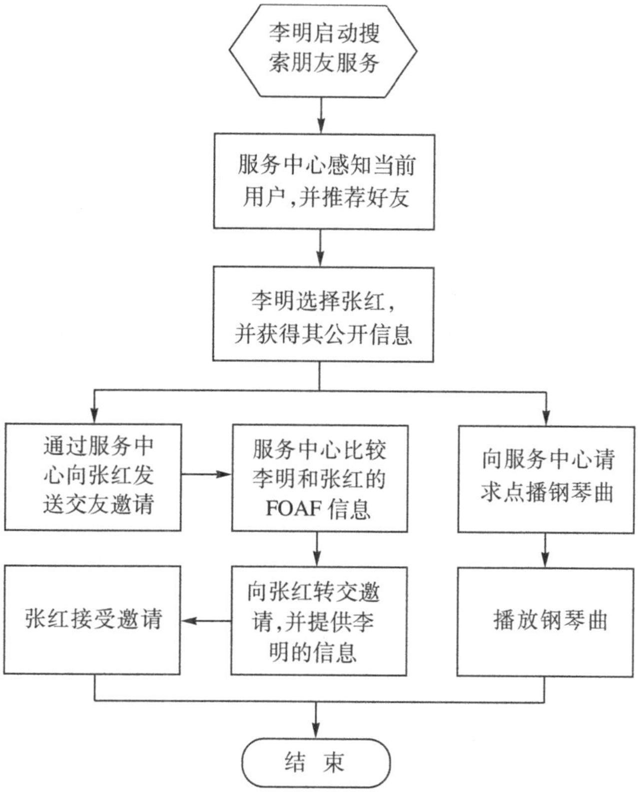

图 6.13 场景 6.2 的分布式移动 SNS 系统业务流程

到李明和服务中心的信息后，确定接受李明的邀请。此时，咖啡厅里开始播放张红喜欢的钢琴曲。

此外，如果将该系统应用于实践，还需要解决以下问题：

① 对于使用了其他互联网服务站点数据的业务，服务中心与互联网服务器的数据同步问题；

② 在用户的社会网络关系隐藏后，一些涉及使用社会网络的好友推荐算法需要改进，以适应 DMSNS 系统；

③ 对于在特定场合下，临时结成的小社交网络的管理问题；

④ 如何既能保护用户的社会关系网络，又能提供社会网络分析，还有待于进一步的研究。

参考文献

[1] 范钟艺. 基于 Web 2.0 的 SNS 平台的设计与实现[D]. 成都：成都电子科技大学，2008.

[2] 刘磊，李冰. 中国移动通信互联网短信网关接口设计与实现[J]. 通信学报，2002，27(8)：10-12.

[3] 孙杰，黄卿. 多媒体信息业务(MMS)总体技术要求[J]. 中国移动，2007，1(1)：1-58.

[4] 于蓉蓉，刘祎，等. 基于 CELLID 的位置业务(LBS)技术要求[J]. 中国移动，2002，1(1)：1-60.

[5] 杨芙清，梅宏. 软件复用与软件构件技术[J]. 电子学报，1999(2).

[6] 林正奎，杨德礼. 软件构件复用技术综述[J]. 计算机工程与设计，2004(6).

[7] 宋旭东，王毅. 基于构件技术的综合决策支持系统[J]. 计算机工程，2008(7).

[8] 杨放春，邹华. 下一代网络业务支撑环境[M]. 北京：北京邮电大学出版社，2006.

[9] 杨骎，陈俊亮. 基于 SOA 电信领域业务生成若干关键技术研究及实现[D]. 北京：北京邮电大学，2007.

[10] Diane Jordan(IBM)，John Evdemon (Microsoft). Web Services Business Process Execution Language Version 2.0 [EB/OL]. http：//docs.oasis-open.org/wsbpel/2.0/OS/wsbpel-v2.0-OS.pdf.

[11] Chinthaka E. REST and Web services in WSDL 2.0 [EB/OL]. http：//www.ibm.com/developerworks/webservices/library/ws-rest1/.

[12] Hadley M J. Web Application Description Language(WADL)[EB/OL]. http：//wadl.dev.java.net/.

[13] CORBA to WSDL/SOAP Interworking Specification [EB/OL]. http：//www.omg.org/spec/C2WSDL/1.2.1/PDF.

[14] 毛春丽，郑帅. IDL 到 WSDL 映射的研究及实现[J]. 计算机工程与科学，2008 (30)：3.

[15] Pautasso C. BPEL for REST, Proc. of the 6th International Conference on Business Process Management (BPM 2008)[M]. Milan, Italy, September

2008.

[16] Pautasso C. RESTful Web Service Composition with BPEL for REST[J]. Data & Knowledge Engineering, 2009, 68 (9): 851-866.

[17] Hagen Overdick. Towards Resource-Oriented BPEL[J]. Whitestein Series in Software Agent Technologies and Autonomic Computing, 2008(5): 129-140.

[18] 王燕, 陈明, 王智广. 基于工作流的构件和 Web Services 混合组装[J]. 微电子学与计算机, 2009(2).

[19] Parlay Group, Parlay API Specification[EB/OL]. http: //www. parlay. org.

[20] Washizaki H, Yamamoto H, Fukazawa Y. A Metrics Suite for Measuring Reusability of Software Components[C]//Proceeding METRICS '03 Proceedings of the 9th International Symposium on Software Metrics, 2003.

[21] 徐伟, 尹宝林, 李昭原. 企业信息系统业务构件设计研究[J]. 软件学报, 2003(7).

[22] 陈颖聪. 基于 J2ME 的移动 SNS 应用系统的设计与实现[D]. 广州: 华南理工大学, 2008.

[23] 丁新慧. 基于移动终端的教务管理信息系统的研究与实现[D]. 成都: 四川师范大学, 2008.

[24] Ellison N B, Steinfield C, Lampe C. Social network sites and society: Current trends and future possibilities[J]. Interactions Magazine, 2009, 16(1): 6-9.

[25] Jens Binder, Andrew Howes, Alistair Sutcliffe. The Problem of Conflicting Social Spheres: Effects of Network Structure on Experienced Tension in Social Network Sites[C]//Conference on Human Factors in Computing Systems, 2009: 965-974.

[26] Dan Brickley, Libby Miller. FOAF Vocabulary Specification 0. 91[EB/OL]. http: //xmlns. com/foaf/spec/20071002. html.

[27] Jennifer G, Hendler J, Parsia B. Trust networks on the Semantic Web[C]// World Wide Web Conference. Budapest, Hungary: [s. n.], 2003.

[28] Jilin Chen, Werner Geyer, Casey Dugan, et al. Make new friends, but keep the old: recommending people on social networking sites[C]//Conference on Human Factors in Computing Systems, 2009.

[29] Josef Noll, Mohammad M R, Chowdhury, et al. Semantically supported Authentication and Privacy in Social Networks[C]// Conference on Emerging Security Information, Systems and Technologies, 2007.

[30] NetAct MQA. 用户数据的"自动挖掘机"[J]. 通讯世界, 2009(21).

[31] Reyck B, Degraeve Z. Broadcast Scheduling for Mobile Advertising[J]. Op-

erations Research, 2003, 51(4).

[32] Zhang L C. Hybrid-Context-Aware Web Service Selection Approach[J]. Journal of Internet Technology, 2011(11): 28.

[33] 张龙昌，邹华，杨放春．群体 Pareto 最优的 Web 服务组合决策方法[J]. 高技术通讯，2011，21(10)：665-672.

[34] Zhang L C, Zou H, Yang F C. Web service composition algorithm based on TOPSIS[J]. The Journal of China Universities of Posts and Telecommunications, 2011, 18(4): 89-97.

[35] Zhang L C, Zou H, Yang F C. A Dynamic Web Service Composition Algorithm Based on TOPSIS[J]. Journal of Networks, 2011, 6(9): 1296-1304.

[36] 张龙昌，张成文．混合 QoS 聚类的服务组合[J]. 北京邮电大学学报，2011，34(5)：57-62.

[37] 张龙昌，邹华，杨放春．混合 QoS 感知的服务组合群决策算法[J]. 北京邮电大学学报，2012，35(3)．

[38] 张龙昌，邹华，杨放春．一种基于多 QoS 注册中心和模型异构的 Web 服务选择算法[J]. 电子与信息学报，2011，33(1)：168-174.

[39] Zhang L C, Zhang T G, Zhang C W. Web Service Composition Algorithm Based on Hybrid-QoS and Pair-wise Comparison Matrix[J]. Journal of Information and Computational Science, 2012, 9(1): 135-142.

[40] Zhang L C, Li C J, Yu Z L. Dynamic Web Service Selection Group Decision-making based on Heterogeneous QoS models[J]. The Journal of China Universities of Posts and Telecommunications, 2012, 19(3).

[41] Zhang L C, Yu Z L, Zhang C W. Web Service Composition Method Based on FAHP and TOPSIS[J]. Journal of Communications and Information Sciences, 2012, 2(1): 75-84.

[42] Zhang L C, Zou H, Yang F C. Multi-attribute Group Decision Making-Based Decentralized Web Service Selection[C]// 2010 International Conference on Service Sciences. Hangzhou, China, May 2010: 82-87.

[43] Zou H, Zhang L C, Yang F C, et al. A Web Service Composition Algorithmic Method Based on TOPSIS Supporting Multiple Decision-Makers [C] // Services (SERVICES-1), 2010 6th World Congress on. Miami, FL, China, July, 2010: 158-159.

[44] 张同光，李继光，张龙昌．基于构件技术的移动 SNS 服务端架构[J]. 电信科学，2011(9)：93-100.

[45] 张同光，石庆民，张龙昌，等．复杂上下文感知的组合服务选择框架[J].

电信科学，2011(8)：50-57.

[46] 张龙昌，刘志晗，王攀，等. 基于FOAF的分布式移动SNS应用[J]. 电信科学，2010(5)：88-92.

[47] 张龙昌. 用户驱动的服务组合算法[J]. 计算机系统应用，2012，21(6).

[48] 张龙昌，万君. 移动SNS总体架构设计[J]. 计算机系统应用，2012，21(3).

[49] 张龙昌，万君. 面向服务组合的复杂上下文本体模型[J]. 计算机系统应用，2012，21(4).

[50] William Gauvin, Bruno Ribeiro, Don Towsley, et al. Measurement and gender-specific analysis of user publishing characteristics on myspace, IEEE Network[J]. The Magazine of Global Internetworking, 2010, 24(5): 38-43.

[51] Haewoon Kwak, Changhyun Lee, Hosung Park, et al. A social network or a news media[C]//Proceedings of the 19th International Conference on World Wide Web, Raleigh, North Carolina, USA, April, 2010.

[52] Fabian Schneider, Anja Feldmann, Balachander Krishnamurthy, et al. Understanding online social network usage from a network perspective[C]//Proceedings of the 9th ACM SIGCOMM Conference on Internet Measurement Conference, Chicago, Illinois, USA, 2009.

[53] Zhu Y W. Measurement and analysis of an online content voting network: a case study of Digg[C]//Proceedings of the 19th International Conference on World Wide Web, Raleigh, North Carolina, USA, 2010.

[54] Fabrício Benevenuto, Tiago Rodrigues, Virgilio Almeida, et al. Video interactions in online video social networks[J]. ACM Transactions on Multimedia Computing, Communications, and Applications (TOMCCAP), 2009, 5(4): 1-25.